普通高等教育计算机类系列教材

U0156124

Linux 服务与应用

主编　张　奎
参编　张晓彬　雍巧玲

机 械 工 业 出 版 社

本书主要介绍了 Linux 基础知识、网络安全以及网络服务方面的内容，共 10 章。内容包括 Linux 基础、vi 文本编辑器、Linux 系统启动过程和 Systemd 进程管理、用户和组的管理命令、网络调试命令、软件包的安装及配置命令、Shell 脚本编程、SELinux 技术、FTP 和 Samba 服务器、Web 和 DNS 服务器、E-mail 服务器的搭建和管理、集群服务等。本书设计了大量操作性较强的应用案例，以增强应用性和工程实践性。本书以主流的 RHEL 7.4 操作系统为蓝本讲解 Linux 操作系统，内容丰富全面，实践性强，并对重点内容给出了详细的案例，读者可以在 Linux 真机系统或者 Linux 虚拟机上进行实验仿真。

本书可以作为网络工程专业、计算机科学与技术专业"Linux 服务与应用"课程的教材，也可以作为其他相关专业"计算机网络"和"操作系统"课程的后续教材，同时可以作为从事网络建设、管理和运维工作的工程技术人员的参考书。

图书在版编目（CIP）数据

Linux 服务与应用 / 张奎主编. —北京：机械工业出版社，2021.10（2023.1 重印）
普通高等教育计算机类系列教材
ISBN 978-7-111-69299-7

Ⅰ. ①L… Ⅱ. ①张… Ⅲ. ①Linux 操作系统–高等学校–教材
Ⅳ. ①TP316.85

中国版本图书馆 CIP 数据核字（2021）第 203516 号

机械工业出版社（北京市百万庄大街 22 号　邮政编码 100037）
策划编辑：路乙达　责任编辑：路乙达　张翠翠
责任校对：梁　倩　封面设计：张　静
责任印制：李　昂
北京中科印刷有限公司印刷
2023 年 1 月第 1 版第 3 次印刷
184mm×260mm · 13.25 印张 · 310 千字
标准书号：ISBN 978-7-111-69299-7
定价：39.80 元

电话服务　　　　　　　　　　网络服务
客服电话：010-88361066　　机　工　官　网：www.cmpbook.com
　　　　　010-88379833　　机　工　官　博：weibo.com/cmp1952
　　　　　010-68326294　　金　书　网：www.golden-book.com
封底无防伪标均为盗版　　机工教育服务网：www.cmpedu.com

前　　言

随着因特网的快速发展以及 TMT（Technology Media Telecom，科技、媒体和通信）产业的深度融合，新型网络应用不断出现，导致客户端数量爆炸式增长以及网络数据量"井喷"式涌现，给网络服务器的运维和管理带来了巨大的压力。如何提高网络服务器管理的有效性和安全性是管理员的重要职责。因此，掌握好网络服务器操作系统的安装、运维和管理等相关技能对于网络管理员来说具有重要意义。

Linux 操作系统由于具有内核代码开源、标准兼容和良好的移植性等特点，现已广泛应用到嵌入式、云计算、大数据、服务器等多个领域。社会对掌握 Linux 技能人才的大量需求，对高校培养的专业人才提出了更高的要求，"Linux 服务与应用"课程内容也随之受到了广泛关注。本书内容在编排上紧紧围绕网络服务应用这根主线，对相关知识点以及重难点进行归纳分析，设计案例化的内容模块，将课程内容体系延伸到"理论—实践—应用"三个层次。在介绍基本理论知识的基础上，将重点放在学生的动手实践和应用方面。同时，各章都配套了典型案例。案例在设计和选取上都体现了针对性和趣味性，目的在于激发学生在初学阶段的学习兴趣，以及后续阶段学生在面临问题时能够自主分析问题和设计案例，着力培养学生的创新思维以及综合应用能力。

目前，在众多的 Linux 操作系统发行版本中，Red Hat Enterprise Linux 操作系统（简称 RHEL）由于具有较强的稳定性、广泛的硬件平台支持性以及良好的可操作性能，在服务器领域应用广泛，同时也代表着 Linux 操作系统发行版本的主流。因此，本书选取 RHEL 7.4 版本进行内容教学。

本书第 1 章介绍 Linux 的基础知识，演示 RHEL 7.4 操作系统的安装和配置过程，并对开机、关机等命令进行讲解；第 2 章介绍 Linux 文件系统及终端操作，重点讲解文件和目录的操作命令；第 3 章介绍多用户与多任务管理，重点讲解 Linux 系统启动过程以及 Systemd 进程、网络服务的管理操作；第 4 章介绍网络管理，包括配置方法、RPM 相关命令等内容，重点讲解了 YUM 源文件的配置过程，最后综合运用软件包安装工具等相关知识搭建 FTP 服务器；第 5 章介绍 Shell 脚本编程，包括对控制流程、循环等模块进行讲解；第 6 章介绍 SELinux 与防火墙，重点讲解了 SELinux 和防火墙的配置过程；第 7 章介绍 FTP 服务与 Samba 服务，重点讲解两种服务的配置文件，最后综合运用 Linux 相关知识在 LAN 环境下搭建这两种服务器；第 8 章介绍 Web 服务与 DNS 服务，主要包括 Web 服务的基本概念、Apache 配置文件说明、LAMP 框架、bind 配置文件以及这两种服务器的搭建；第 9 章介绍 E-mail 服务，包括邮件系统的安装、运行、配置和管理；第 10 章介绍集群服务，主要包括负载均衡模式和算法、常见的集群系统软件，最后给出了常见 Web 集群的应用实例。

本书在编写过程中参考了相关文献，受到了许多启发，在此对文献的作者表示感谢。另外，本书得到新疆高校科研计划项目（XJEDU2019Y041）和喀什大学教研教改重点课题（KJDZ1702）资助。

本书由张奎组织编写并统稿。第1~4章、第8和10章由张奎编写，第5~7章由张晓彬编写，第9章由雍巧玲编写。

由于编者水平有限，书中难免存在不足之处，恳请广大师生批评指正。

编　联

目　　录

第 1 章　Linux 系统概述

Linux 是一款与 UNIX 兼容的操作系统，可以自由传播并且可以免费使用，是自由软件的代表之一，其源代码可以被运行、下载、修改、充实和发展。Linux 是自由软件的代表。本章首先对自由软件和 Linux 基础内容进行介绍；其次介绍 Red Hat Enterprise Linux 7.4（RHEL 7.4）的安装过程和基本应用；最后介绍用户登录、关机等基本操作。

1.1　自由软件简介

Linux 是一款广泛应用的操作系统，同时也是自由软件的代表，其系统上运行的应用程序几乎都是自由软件。Linux 系统是免费的，源代码是开放的，在使用过程中不受任何商业化软件版权制约，是全世界都能自由使用的 UNIX 兼容产品。

1.1.1　自由软件与 GPL 协议

自由软件可为用户提供以下 4 个方面的基本自由度：

自由度 0：无论出于何种目的，用户都可以按照意愿自由地运行该软件。

自由度 1：用户可以自由地学习并修改该软件，前提是用户必须可以访问到该软件的源代码。

自由度 2：用户可以自由地分发该软件的源代码。

自由度 3：用户可以自由地分发该软件修改后的源代码。用户可以把改进后的软件分享给社区，使他人从中受益，前提是用户必须可以访问到该软件的源代码。

无论在何种情况下，只有所有用户使用的代码都满足了这 4 个方面的基本自由度，即具有运行、修改、分发以及获得源代码的自由，该程序才能被称为自由软件。例如，有两个程序，A 程序运行的时候会自动调用 B 程序。发布 A 程序意味着用户必须使用 B 程序，那么 A、B 两个程序必须都是自由的，A 程序才是自由的。如果修改 A 程序，使其不再依赖 B 程序，那么仅仅以自由软件的形式发布 A 程序即可。

自由软件的发布要遵循 GPL（General Public License，通用公共许可）协议，该协议确保任何人都有使用和复制软件的自由，任何人都有权取得、修改和重新分发自由软件的源代码，并且在不增加费用的条件下可以得到自由软件的源代码。同时还规定自由软件的衍生产品必须以 GPL 协议作为重新发布的许可协议。

另外，开源软件是指软件在发行时源代码是开放的，并且授权用户使用、修改和分发。与自由软件的区别在于，开源软件的源代码经过修改之后以闭源形式分发，而自由软件在经过修改之后分发，其源代码一直要求是开源的。

免费软件不一定是自由软件。通常，免费软件不一定提供源代码，或者在使用一段时间后添加了一些使用限制，如购买注册码、付费使用、网络激活等。只有当免费软件在发行时遵循 GPL 协议才可以称为自由软件。

1.1.2　GNU 工程

1969 年，美国贝尔实验室开发了 UNIX 操作系统，由于其可靠性强、扩展性好、标准兼容以及强大的网络支持等特点，迅速成为一种广泛使用的商业操作系统。早期，大多数软件都是有版权的，任何组织和个人想要获得软件都需要付费或者购买版权，这对于因特网上广大的自由软件爱好者来说是极不情愿的，于是开发一套完整的操作系统以及运行其上的自由软件就显得迫在眉睫。

1983 年 9 月 27 日，Richard Stallman 发起了 GNU 计划，目标是创建一套完全自由的操作系统，并附带《GNU 宣言》来解释为何发起该计划，其中一个理由就是要"重现当年软件界合作互助的团结精神"。1985 年，Richard Stallman 又创立了自由软件基金会（Free Software Foundation，FSF）来为 GNU 计划提供技术、法律以及财政支持。尽管 GNU 计划大多数时候是个人自愿无偿贡献，但是 FSF 有时也会聘请专业程序员帮助编写。在 GNU 计划开始逐渐获得成功时，一些商业公司开始介入软件开发并提供技术支持。GNU 计划标识如图 1-1 所示。

图 1-1　GNU 计划标识

1991 年，芬兰赫尔辛基大学的 Linus Torvalds 编写出了与 UNIX 系统兼容的 Linux 内核，并遵循 GPL 协议发布。之后 Linux 内核在网上广泛流传，许多软件程序员纷纷参与到内核的开发和修改过程中，不断推进 Linux 内核的升级换代。1992 年，Linux 与其他 GNU 软件结合，完全自由的操作系统正式诞生，该操作系统往往被称为"GNU/Linux"或简称 Linux。1994 年 3 月，Linux 1.0 正式发布。1996 年 6 月，Linux 2.0 正式发布。到 2016 年 12 月，内核 Linux 4.9 正式发布，提供图形处理器的虚拟屏幕、处理器及内存性能调度优化、文件系统存储改进、广泛地硬件支持等技术，是迄今为止功能最完善的内核程序。同时一些厂家和机构在 Linux 内核的基础上，提供了大量应用软件，以及安装界面和资源管理工具的软件套装，构成了 Linux 的发行套件，开始面向全球发行。目前，Red Hat、CentOS、Fedroa、Ubuntu、Slackware、Debian 等已经广泛应用在不同的硬件平台及领域。

Linux 系统的诞生推动着 GNU 计划的不断发展，许多 GNU 软件也开始在 Linux 系统上安装，一些 GNU 工具还被广泛地移植到 Windows 和 Mac OS 系统上。

1.2　Linux 概述

1.2.1　什么是 Linux

Linux 是一套免费使用和自由传播的操作系统，其源代码开放并且可以被自由下载，以及软件发行遵循 GPL 协议。

从用户和系统管理员的角度来说，Linux 由以下 4 个部分构成：内核、Shell、文件系统以及应用程序。用户可以在安装 Linux 系统的主机上进行命令操作、Shell 编程、资源管理以及服务器搭建等。各个部分说明如下：

Linux 内核：是操作系统的核心，管理计算机系统的软硬件资源，控制整个计算机的运行，提供相应的硬件驱动程序和网络接口程序。内核提供的功能都是操作系统的基本功能，如果内核发生故障，那么整个计算机系统就有可能崩溃。Linux 内核模块分为 CPU 和进程管理、存储管理、文件系统、设备管理和驱动、网络通信、系统的初始化和系统调用等部分。

Linux Shell：是系统的用户界面，提供了一种用户与内核进行交互操作的接口。它接收用户输入的命令并送入内核去执行，是一个命令解释器。另外，也可以作为编程语言，可以编写出与其他应用程序具有同样功能的 Shell 程序。

Linux 文件系统：是文件存放在磁盘等存储设备上的组织方法。Linux 系统支持多种目前流行的文件系统，如 EXT4、XFS、VFAT 和 ISO 9660 等。

Linux 应用程序：Linux 系统一般都有一套应用程序的程序集，包括文本编辑器、编程语言、X Window、办公套件、Internet 工具和数据库等。

从开发人员的角度来说，Linux 就是内核和 Shell 编程，通过移植内核程序到开发板上，或者编写应用程序来实现特定功能。

1.2.2　Linux 版本

从操作系统开发者和使用者的角度来说，Linux 版本分为内核（Kernel）版本和发行（Distribution）版本。

1．Linux 内核版本

内核版本是指由 Linux 的创始人 Linus 领导的内核开发小组所开发的操作系统内核的版本。内核版本采用版本号来标记，如 Red Hat Enterprise Linux 7.4 使用的内核版本号为2.6.32-279。

Linux 内核版本号的格式为 major.minor.patch-build.desc，详细说明如下：

1）major：主版本号，有结构变化才变更。

2）minor：次版本号，新增功能时才发生变化，一般奇数表示测试版本，偶数表示发行版本。

3）patch：补丁包数或者次版本的修改次数。

4）build：编译的次数，每次编译可能优化或修改少量程序，但一般没有大的功能变化。

5）desc：当前版本的特殊信息，其信息在编译时指定。常用的标识如下：

- rc：表示候选版本（Release Candidate），rc 后的数字表示该正式版本的第几个候选版本，数字越大越接近正式版本。

- SMP：表示对称多处理器，即 Symmetrical Multi-Processing。
- pp：表示测试版本，即 pre-patch。
- el：表示企业版 Linux，即 Enterprise Linux。
- mm：表示专门测试新技术或新功能的版本。
- fc：在 Red Hat Linux 中表示 Fedora Core。

查看 Linux 内核版本的命令如下：

```
[root@ksu ~]# uname -a
Linux ksu.localdomain 2.6.32-279.el6.i686 #1 SMP Wed Jun 13 18:23:32 EDT
2012 i686 i686 i386 GNU/Linux
```

以上命令表明，Linux 系统的内核版本为 2.6.32-279.el6.i686，其中 2 为主版本号，6 为次版本号，32 为修改次数，279 为编译次数，el 表示该内核为企业版 Linux；SMP 表示对称多处理器；i686 i386 表示 64 位版本。

2. Linux 发行版本

发行版本是指一些组织或厂家在 Linux 内核的基础上，开发一些应用软件以及系统管理应用程序等，组合起来构成一个软件包套装，然后公开发行。这样的软件包套装就称为 Linux 发行版本，一般采用不同的标识物。目前全球的 Linux 发行版本有 300 多种，常见的有 Red Hat、CentOS、Fedora、Ubuntu、Mandriva、openSUSE，国内的有红旗 Linux、深度 Linux、优麒麟 Linux、中标麒麟、威科乐恩等。

一般来说，Linux 内核版本发行要求更高，一般由全球的操作系统爱好者向 Linus Torvalds 领导的内核开发小组提交草案，审核通过后，面向全球统一发布。相对于众多发行版本的标识，Linus Torvalds 采用企鹅作为自己开发系统的标识物，如图 1-2 所示，一直沿用至今，并且对 Linux 内核拥有版权。

不同的发行版本，其区别在于应用软件的功能及数量、技术支持、安装和配置方式。其与内核版本的发布相对独立。表 1-1 列出了常见的 Linux 发行版本，发行版本的标识物如图 1-3 所示。

图 1-2　Linux 标识物

表 1-1　常见的 Linux 发行版本

名　　称	官 方 网 址	标　识　物
Red Hat Linux	https://www.redhat.com/en	如图 1-3a 所示
CentOS Linux	https://www.centos.org/	如图 1-3b 所示
Fedora Linux	https://getfedora.org/	如图 1-3c 所示
Ubuntu Linux	https://ubuntu.com/	如图 1-3d 所示
红旗 Linux	http://www.chinaredflag.cn/	如图 1-3e 所示
深度 Linux	https://www.deepin.org/	如图 1-3f 所示
优麒麟 Linux	https://www.ubuntukylin.com/	如图 1-3g 所示

在众多的 Linux 发行版本中，Red Hat Linux 在国内外使用广泛，源于其较高的稳定性、广泛的硬件平台支持以及良好的可操作性。2003 年 4 月，桌面版的 Red Hat Linux 9.0

发布。2004 年，Red Hat 公司停止对 Red Hat Linux 9.0 的支持，标志着 Red Hat Linux 版本正式终结。原来的桌面版 Red Hat Linux 发行包与社区 Fedora 计划合并，产生了 Fedora Core 发行版本。

a）Red Hat Linux

b）CentOS Linux

c）Fedora Linux

d）Ubuntu Linux

e）红旗 Linux

f）深度 Linux

g）优麒麟 Linux

图 1-3　Linux 常见发行版本的标识物

自此，Red Hat 公司不再开发桌面版的 Linux 版本，而将全部精力集中在服务器版本的开发上，更加注重产品性能、稳定性以及硬件支持，即 Red Hat Enterprise Linux（简称 RHEL）版本。RHEL 分为 3 个版本，即 Advanced Server（AS）、ES（AS 的精简版本）、Workstation（WS），它们的功能差别不大。各版本的详细说明如下：

AS 版本是企业级 Linux 解决方案中最高端的产品，它专为企业相关应用和数据中心设计，包括了最全面的支持服务，支持 16 个处理器以及 64GB 内存的大型服务器架构，适合大中型企业使用。

ES 版本提供了与 AS 版本同样的性能，区别仅在于它支持更小的系统和具有更低的成本。常见的应用环境包括公司的 Web 架构、网络服务应用（Samba、FTP、DNS 等）、邮件服务、中小规模数据库和部门应用软件。

WS 版本包含常用的桌面应用软件（LibreOffice、邮件、浏览器等），可以运行各种客户端和服务器配置工具、软件开发工具以及应用软件等。WS 和服务器产品由同样的源代码编译而成，但是不提供网络服务功能，因此，只适合作为桌面客户端系统。

CentOS 社区从 Red Hat 网站上下载 RHEL 源代码并且重新编译，然后换上 CentOS 社区的 Logo，以 CentOS 发行版本发行。RHEL 会将一些新的特性和功能首先应用到 Fedora Core 发行版本和 CentOS 发行版本，等功能稳定后再应用到 RHEL 发行版本中，从而确保 RHEL 发行版本的功能和稳定性。本书基于 RHEL 7.4 发行版本讲解 Linux 的基本命令、网络安全以及服务应用等内容。

1.2.3 Linux 系统的特点

Linux 内核具有 Windows NT 等其他操作系统无法比拟的性能和稳定性，在不使用 X Window 应用程序的前提下具有占用资源少、运行效率高、处理速度快等优点，可以使一台硬件配置较低的计算机成为高性能的计算机。尤其在服务器领域，Linux 操作系统迅速占据了服务器领域的半壁江山。一般来说，Linux 系统具有以下几个特点：

开放性：是指系统遵循全球标准规范，特别是遵循开放系统互联（OSI）国际标准，凡是遵循国际标准所开发的硬件和软件都能彼此兼容，可以方便地实现互联。

多用户：Linux 支持多个用户同时使用一台计算机，不同的用户独立工作而不会相互干扰。用户之间可以进行会话和通信。每个用户对系统资源拥有不同的权限，这样可以防止用户恶意地访问和修改或者无意中破坏其他用户的资源。

多任务：是指计算机可以同时运行多个应用程序，而应用程序之间不会相互干扰。

广泛的硬件支持：由于 Linux 系统具有免费开源的特点，因此大批程序员不断地向 Linux 社区提供代码，使 Linux 系统能够提供非常丰富的设备驱动资源；另外，对主流硬件的支持较好，几乎可以运行在所有主流的处理器上。

良好的用户界面：Linux 向用户提供了两种界面，字符界面和图形界面。在字符界面中，用户通过输入命令来使用计算机，以及编写功能强大的 Shell 脚本；在图形界面中，用户通过使用鼠标操作窗口、菜单、滚动条来方便地使用系统。

强大的网络功能：内置网络功能是 Linux 的一大特色。这使得 Linux 在通信和网络方面的功能优于其他操作系统。

良好的可移植性：Linux 可以方便地从一个硬件平台移植到另一个硬件平台上。它既可以运行在嵌入式设备和 PC 上，也可以运行在小型机和大型机上。

1.2.4 Linux 系统的应用

1. 超级计算机领域

超级计算机主要应用于高性能计算、密集计算处理等领域，如深度学习、大数据处理、量化分析、建模分析等方面。

自 2004 年以后，Linux 就在超级计算机领域占据主导地位。在 2020 年 4 月的超级计算机 Top500 排行榜上，前 20 强超级计算机中有 19 强使用的是 Linux 系列操作系统。毫无疑问，Linux 已经成为大多数超级计算机操作系统的不二选择。

2. 服务器领域

Linux 服务器应用广泛，具有稳定、健壮、安装要求低以及网络功能强等特点，这使其成为服务器操作系统的首选，现已占到了服务器市场的半壁江山。Linux 系统可以为企业架构 Web 服务器、FTP 服务器、邮件服务器、DNS 服务器等，使企业降低了运营成本，同时企业还获得了 Linux 系统带来的高稳定性和高可靠性。另外，企业还无须考虑商业软件的版权问题。

3．桌面系统领域

所谓桌面系统，其实就是人们在办公室使用的个人计算机系统。个人桌面 Linux 系统在桌面应用方面进行了改进，达到了较高的水平，完全可以满足日常的办公及家用需求，提供浏览器 Web 上网、办公软件应用、收发电子邮件、实时通信、文字编辑以及多媒体应用等功能。

虽然 Linux 桌面系统的支持已经很广泛了，但当前的桌面市场份额还远远无法与 Windows 系统竞争，原因不仅在于 Linux 桌面系统产品本身，还包括用户的使用观念、操作习惯和应用技能，以及曾经在 Windows 上所开发软件的移植问题。

目前，常用的桌面 Linux 系统包括 Ubuntu、Fedora、CentOS、Debian 等。此外，国产 Linux 系统专门针对国内用户的软件使用习惯进行了优化。

4．嵌入式领域

由于 Linux 系统源代码开放，以及具有可靠性高、稳定性强、伸缩性好等优点，再加上它广泛支持大量微处理器体系结构以及硬件设备的特性，因此，在嵌入式应用领域，从因特网设备（路由器、交换机、防火墙等）到专用的控制系统（自动售货机、手机、PDA 以及各种家用电器等），Linux 操作系统都有很广阔的应用市场。特别是经过近几年的发展，Linux 已经成功跻身于主流嵌入式开发平台行列。

5．云计算领域

当今，云计算应用如火如荼。在构建云计算平台的过程中，开源技术起到了不可替代的作用。从某种程度上来说，开源是云计算的灵魂。大多数的云基础设施平台采用 Linux 操作系统。

目前已经有多个云计算平台的开源实现，主要的开源云计算项目有 OpenStack、CloudStack 和 OpenNebula 等。

1.3　Red Hat Enterprise Linux 7.x 版本简介

2014 年 6 月，Red Hat 公司正式发布了 Red Hat Enterprise Linux 7.0（简称 RHEL 7.0）版本。RHEL 7.0 较 RHEL 6.0 增加了许多新的特性和功能，包括服务器、虚拟化、安全性、分布式等方面。之后又继续推出 7.1、7.2、7.3、7.4 等系列版本，2019 年 5 月，Red Hat Enterprise Linux 8.0 版本发布。其中 RHEL 7.x 版本已广泛应用在虚拟化、云计算、服务器等领域。

1．系统架构

Red Hat Enterprise Linux 7.x 支持更多的硬件架构，但是只有 64 位的硬件可以安装 Red Hat Enterprise Linux 7.x，如 64-bit Intel、64-bit AMD、IBM POWER、IBM System z 等。Red Hat Enterprise Linux 7.x 已不再提供 32 位的版本。

2．安装和引导工具

Red Hat Enterprise Linux 7.x 已重新设计并改进了安装程序 Anaconda，以便改进 Red Hat Enterprise Linux 7.x 的安装过程。Anaconda 提供图形化的安装界面，采用一站式的安装配置，使用新的引导装载程序 GRUB 2 和服务管理软件 Systemd，比使用 GRUB 时的操作更方便，功能也更强大。

GRUB 2 可提供很多功能，如支持更多的文件系统，使用 GRUB 2 主程序直接在文件系统中搜寻核心文件名；在系统启动的时候，可以自行编辑和修改启动配置项目；动态搜寻配置文件，而不需要在修改配置文件后重新安装 GRUB 2。

3．XFS 文件系统

目前采用 Anaconda 安装的 Red Hat Enterprise Linux 7.x 时，使用的默认文件系统是 XFS，它替换了在 Red Hat Enterprise Linux 6.x 中使用的第四代扩展文件系统（ext4）。ext4 和 Btrfs（B-Tree）文件系统可作为 XFS 的备选。

XFS 是高度可扩展、高性能的文件系统，最初由美国硅图公司设计，目的是为了支持高达 16EB（约 $1.6×10^7$TB）的文件系统，多达 8EB（约 $8.0×10^6$TB）以及包含数千万条的目录结构。XFS 支持元数据日志，可加快崩溃内容的恢复。

4．虚拟化

新增了 Docker 容器，把应用以及依赖包放到一个可移植的容器中，将应用标准化，发布时无须再关心各种配置和依赖关系，应用部署、迁移轻松自在。

5．系统和服务

Systemd 是 Linux 系统的服务管理程序，替换了 Red Hat Enterprise Linux 6.x 之前的发行版中使用的 SysVinit。Systemd 定义了与原来 SysVinit 的 init 进程完全不同的方式来对服务和系统进程进行管理，使系统中的服务可以自动解决软件之间的依赖关系，并且支持服务的并行启动。

6．编程语言

RHEL 7.x 提供了最新的 ruby-2.0.0，也包含了 python-2.7.5。该版本加入了很多改进性能，并向前兼容 Python 3，还提供了 OpenJDK7 作为默认的 Java 开发套件，采用 Java 7 作为默认的 Java 版本。

1.4　Red Hat Enterprise Linux 7.4 安装

1.4.1　可选择的安装方式

在系统安装之前，需要对硬件进行兼容性检查，以及选择合适的安装介质等。兼容性检查可以通过 Red Hat 官方网站了解，通常较新的硬件和配置较低的硬件会存在兼容性问题。

RHEL 支持多种安装方式，根据安装的软件来源，有光盘安装、硬盘安装、NFS 安装、FTP 安装、HTTP 安装以及在虚拟机上安装这 6 种安装方式。

光盘安装和硬盘安装属于本地安装；NFS 安装、FTP 安装和 HTTP 安装属于网络安装；在虚拟机上安装，其实可分为光盘安装或 U 盘安装，因为虚拟机也具备这些端口，但与其他方式不同的是，必须提前安装一个桌面虚拟机软件。不管哪种安装方式，都需要事先获得 Linux 系统的 ISO 镜像文件，然后用户根据需要选择不同的安装方式。

1.4.2　使用 VMware Workstation 安装 Red Hat Enterprise Linux 7.4 虚拟机

安装虚拟机之前，需要从官网获取 VMware Workstation 15.0 PRO 软件和 rhel-server-7.4-x86_64-dvd.iso 镜像。

VMware 可以创建多个虚拟机，在每个虚拟机上可以安装各种类型的操作系统。下面以 VMware Workstation 15.0 PRO 虚拟桌面软件为例，介绍 Red Hat Enterprise Linux 7.4 的安装过程。

1．安装 VMware Workstation 15.5 PRO 软件

双击 VMware Workstation 软件即可安装桌面虚拟软件。安装完成之后双击桌面上的 VMware Workstation 图标，主界面如图 1-4 所示。主界面左侧显示已经安装的虚拟机名称，包括在本地安装的虚拟机以及可远程共享的虚拟机；右侧窗口的"主页"显示"创建新的虚拟机""打开虚拟机""连接远程服务器"图标。

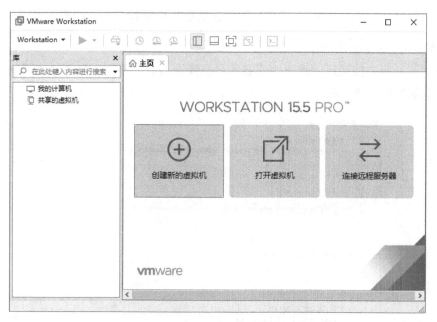

图 1-4　VMware Workstation 主界面

2．创建 Linux 虚拟机

单击"主页"中的"创建新的虚拟机"图标，弹出"新建虚拟机向导"欢迎界面，如

图 1-5 所示。该界面提供使用什么类型的配置，用户可以根据需要选择"典型（推荐）"或"自定义（高级）"选项。两种选项的具体内容如下：

- 典型（推荐）：创建时采用系统默认配置，可以通过简单的步骤创建一个虚拟机。
- 自定义（高级）：可以对虚拟机属性进行更多的控制，如设置 SCSI 硬盘控制器、虚拟磁盘文件格式以及是否兼容旧的 VMware 产品等。

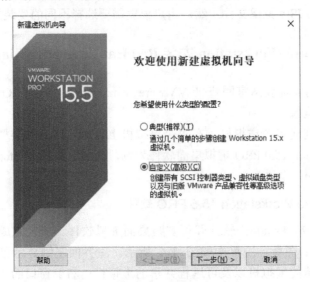

图 1-5　新建虚拟机向导欢迎界面

这里选择"自定义（高级）"选项，对创建的虚拟机进行更加详细的配置。

3. 安装及选择客户机操作系统

单击"下一步"按钮后，弹出"安装客户机操作系统"界面，如图 1-6 所示，这里选择"稍后安装操作系统"选项。

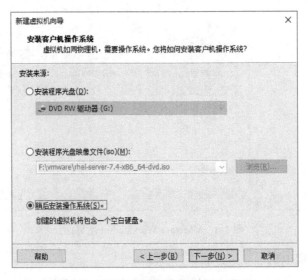

图 1-6　"安装客户机操作系统"界面

单击"下一步"按钮后，在弹出的"选择客户机操作系统"界面中选择客户机操作系统的类型和版本。这里选择客户机操作系统为 Linux，版本为 Red Hat Enterprise Linux 7 64 位，如图 1-7 所示。

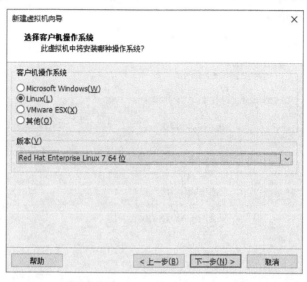

图 1-7　选择虚拟机要运行的客户机操作系统和版本

4．命名及配置虚拟机

单击"下一步"按钮后，弹出"命名虚拟机"界面，如图 1-8 所示，需要输入虚拟机的名称以及指定虚拟机的安装位置。把虚拟机安装在硬盘空间较大的分区中，并创建安装目录，此处指定为"F:\vmware\rhel7.0"。然后直接单击"下一步"按钮，在弹出的"处理机配置"界面中选择一个处理器、两个内核数量。在这里，虚拟机采用单处理器双核的配置，用户也可以根据自己的计算机配置情况选择更多的内核数量。

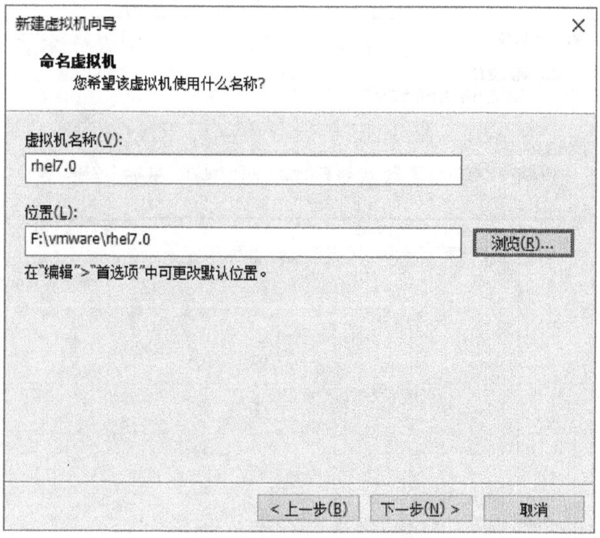

图 1-8　设置虚拟机名称及安装位置

单击"下一步"按钮后，弹出"此虚拟机的内存"界面，如图 1-9 所示，选择内存为 1024MB。这里需要说明一下，后面需要安装图形桌面的操作系统，其对内存的最小需求为 1024MB，而字符界面的操作系统，其对内存的最小需求为 64MB。如果内存设置过小，相应的操作系统会安装不成功。

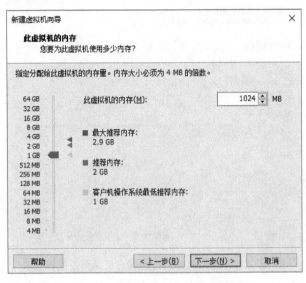

图 1-9 "此虚拟机的内存"界面

单击"下一步"按钮后，弹出"指定磁盘容量"界面，从中指定磁盘空间大小以 GB 为单位，默认为 20GB，也可以根据计算机的硬盘大小进行设置。这里指定最大磁盘大小为 20GB。

单击"下一步"按钮后，弹出"指定磁盘文件"界面，如图 1-10 所示，这里指定磁盘文件为"F:\vmware\rhel7.0\rhel7.0.vmdk"，即将虚拟磁盘文件存放在虚拟机的目录中。其余操作连续单击"下一步"按钮，保持默认配置，直至单击"完成"按钮。

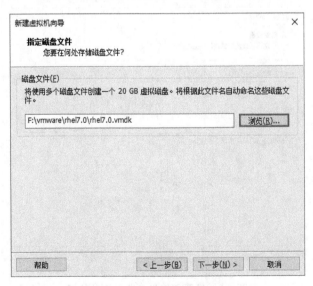

图 1-10 "指定磁盘文件"界面

5．编辑虚拟机配置

在 VMware Workstation 主界面左侧"我的计算机"下选中刚才创建的 rhel7.0，单击鼠标右键并选择"设置"命令，对刚才创建的虚拟机属性进行设置。虚拟机的物理内存一般为主机物理内存的一半以下。本虚拟机物理内存设置为 1GB、处理器两个、硬盘 20GB、CD/DVD（SATA）存放在 F:\vmware\rhel-server-7.4-x86_64-dvd.iso 路径下，如图 1-11 所示，设置完毕之后单击"确定"按钮。

图 1-11　虚拟机设置

6．启动 Linux 虚拟机

选中 rhel7.0 虚拟机后选择 ▶开启此虚拟机 选项后，显示图 1-12 所示的界面，有三种可供选择的选项安装方式，用户可以使用箭头键选择需要的选项，如果不进行选择，等待 60s 后默认进入第一种方式。各选项的内容如下：

1）Install Red Hat Enterprise Linux 7.4：安装 RHEL 7.4 系统。

2）Test this media & install Red Hat Enterprise Linux 7.4：检测安装文件并安装 RHEL 7.4 系统。

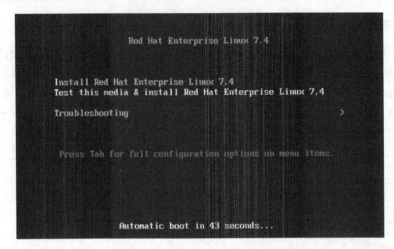

图 1-12　RHEL 7.4 开机启动界面

3）Troubleshooting：故障修复。该项可以帮助恢复系统以及解决各种安装问题，采用光标键选中该项之后，按 Enter 键弹出图 1-13 所示的界面，列出了四个故障修复选项。

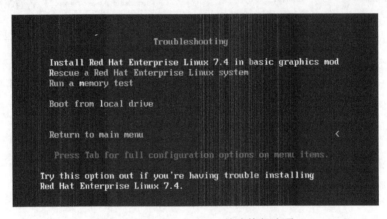

图 1-13　Troubleshooting 故障修复选项

- Install Red Hat Enterprise Linux 7.4 in basic graphics mod：在安装程序无法为显卡载入正确驱动程序的情况下使用图形模式安装。
- Rescue a Red Hat Enterprise Linux system：进入系统救援模式，修复已安装但是无法正常引导的 Red Hat Enterprise Linux 系统。
- Run a memory test：内存检测。
- Boot from local drive：从本地硬盘启动系统。

要安装 Red Hat Enterprise Linux 7.4 系统，直接在 RHEL 7.4 的开机启动界面中选择 Install Red Hat Enterprise Linux 7.4，按下 Enter 键之后，弹出硬件加载界面以及系统安装前的准备工作界面，完成之后进入 RHEL 7.4 的欢迎界面。

7．RHEL 7.4 欢迎界面及安装语言

在 RHEL 7.4 欢迎界面（如图 1-14 所示）中选择安装过程中使用的语言。选择"简

体中文（中国）"选项之后，单击"继续"按钮进入"安装信息摘要"界面，如图 1-15 所示。

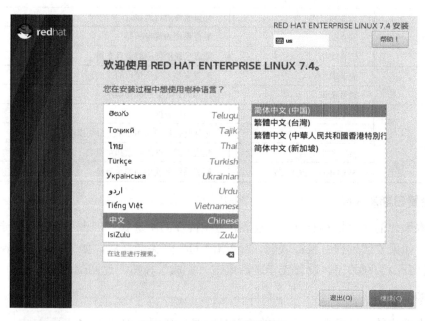

图 1-14　RHEL 7.4 欢迎界面

图 1-15　"安装信息摘要"界面

8．"安装信息摘要"界面

"安装信息摘要"界面提供了 Linux 系统安装及运行所需要的各种参数，共 3 类 9 个项目的内容，见表 1-2。

表 1-2 "安装信息摘要"界面内容说明

分 类	项 目	说 明
本地化	日期和时间	配置系统的日期和时间
	键盘	配置系统的键盘布局
	语言支持	配置系统所使用的语言支持
软件	安装源	配置安装系统所使用的安装源
	软件选择	选择需要安装的软件组
系统	安装位置	创建系统分区
	KDUMP	选择是否启用 KDUMP（系统崩溃恢复机制）
	网络和主机名	配置系统的网络参数和主机名
	SECURITY POLICY	配置系统所使用的安全策略

9．设置日期和时间

选中本地化的"日期和时间"，在弹出的配置界面中选择"亚洲/上海"，设定具体的日期和时间。如果安装过程中已经联网，"网络时间"开关会开启。如果需要使用网络时间，则将开关打开，否则关闭。设置完毕之后单击"完成"按钮，返回信息摘要界面。

10．设置键盘

选中本地化的"键盘"，在弹出的"键盘布局"界面（如图 1-16 所示）中，单击"+"按钮，在布局列表中选择"英语（美国）"并单击"添加"按钮。在已经添加的键盘布局中使用方向键来设置"英语（美国）"为默认布局。设置完毕之后单击"完成"按钮，返回信息摘要界面。

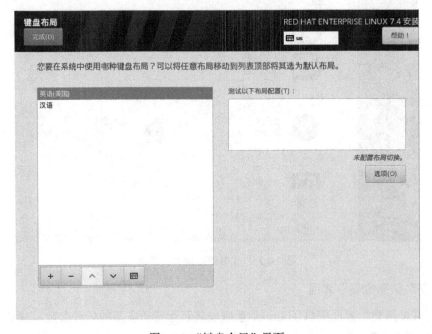

图 1-16 "键盘布局"界面

11．安装源

选中软件的"安装源"，在弹出的配置界面中可以选择可本地访问的安装介质，如 DVD 或者 ISO 文件，也可以选择网络位置。安装源提供的选项列表如下：

- 自动检测到安装介质：如果使用完整安装的 DVD 进行安装，则该安装程序将探测并显示基本信息。
- 在网络上：指定网络位置，选择这个选项并在下拉列表中选择 http://、https://、ftp://、nfs 之一。

12．软件选择

选中软件的"软件选择"，弹出"软件选择"界面，如图 1-17 所示。软件包组以基本环境的方式进行管理，这些都是预先定义好的软件包组，提供特定的使用环境。安装时只能选择一种软件环境。每种环境以附加选项的形式列出可用的软件列表，用户可以根据需要选择多个附加选项。

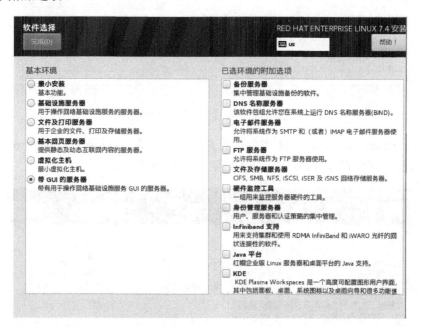

图 1-17　"软件选择"界面

13．安装位置及划分分区

选中"安装位置"，进入"安装目标位置"界面，如图 1-18 所示。

选择"其他存储选项"分区中的"我要配置分区"选项，单击左上角的"完成"按钮，弹出"手动分区"界面。如果是全新的计算机，硬盘上没有任何操作系统或数据，可以选择"自动配置分区"选项，安装程序会自动根据磁盘以及内存大小分配磁盘空间，并创建合适的分区。

分区方案并不是唯一的，需要根据情况进行调整。一般，一个分区方案至少包括三个分区：系统内核引导分区（/boot）、交换分区（swap）以及根分区（/）。其中，建议将

swap 分区设置为虚拟机物理内存的两倍，例如，虚拟机物理内存为 1024MB，则 swap 分区设置为 2048MB。/分区主要存放文件和用户命令等内容，一般设置为剩余所有空间。

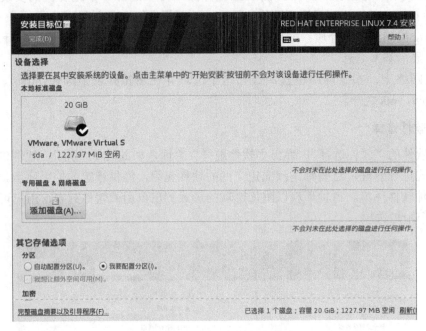

图 1-18 "安装目标位置"界面

Red Hat Enterprise Linux 7.4 虚拟机的安装至少需要三个分区，分别为 swap、/boot、/分区，虚拟机的磁盘容量为 20GB，分区结果如图 1-19 所示。

图 1-19 RHEL 7.4 虚拟机分区结果

14．KDUMP 配置

"KDUMP"界面如图 1-20 所示。KDUMP 开启后，将会使用一部分内存空间。当系统崩溃时，KDUMP 会捕获系统的关键信息，以便分析、查找系统崩溃的原因。

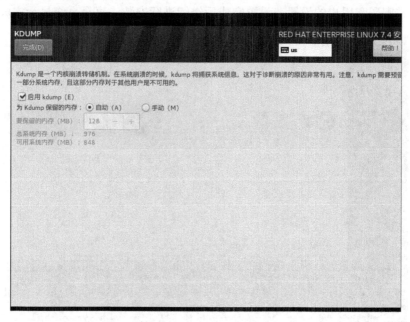

图 1-20　"KDUMP"界面

15．设置网络和主机名

"网络和主机名"界面如图 1-21 所示。界面的左侧为网络接口卡列表，右边是网络接口卡详细信息，底部为主机名设置。设置完毕后单击"完成"按钮，返回到"安装信息摘要"界面。

图 1-21　"网络和主机名"界面

16. 完成安装并重启

单击"继续安装"按钮，系统进行安装，过程如图 1-22 所示。但是还需要设置 root 用户的密码并创建用户，之后才能完成最后的安装。分别单击"ROOT 密码"以及"创建用户"图标完成密码和用户的设置。设置完成后继续进行安装，直至系统显示完成界面。

图 1-22　RHEL 7.4 安装过程

单击"重启"按钮重新启动系统，根据系统提示信息设置显示信息，弹出桌面环境，这时 Red Hat Enterprise Linux 7.4 虚拟机安装就完成了。

1.5　Linux 的启动与关机

1.5.1　RHEL 7.4 的启动

Linux 系统启动后，进入 RHEL7.4 的启动菜单界面，如图 1-23 所示，默认 10s，等待用户选择要进入的操作系统。若没有选择，则默认进入列表的第一个系统。

选中 Red Hat Enterprise Linux Server（3.10.0-693.e17.x86_64）7.4（Maipo）操作系统后，或 10s 过后，将自动引导 Red Hat Enterprise Linux 7.4 操作系统，引导完毕后进入图形登录界面。如果安装时选择了"最小安装"或者"基础设施服务器"等基本环境，则启动时进入文本虚拟控制台登录界面。

在图形登录界面，选择"未列出？"选项，输入 root 用户名和密码，校验通过后进入 GNOME 的桌面环境设置界面，经过简单的设置后，登录到 RHEL 7.4 系统的图形桌面，如图 1-24 所示。

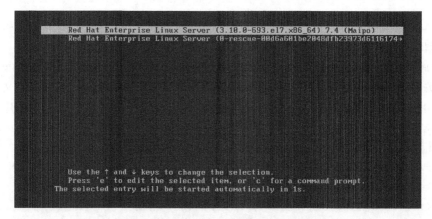

图 1-23　RHEL 7.4 的启动菜单界面

图 1-24　RHEL 7.4 系统的图形桌面

用户选择"应用程序"→"系统"→"终端"命令，显示命令行提示符，如[root@ksu ~]#，提示符详细说明如下：

- root：代表当前登录系统的用户。
- ksu：代表当前主机名称。
- ~：代表当前的工作路径，即/root。
- #：代表 root 用户的提示符，如果为普通用户，提示符为"$"。

用户在命令提示符后输入命令就可以进行相应的命令操作了，如输入 pwd、ls -1、cal、date 等命令。

1.5.2　系统启动配置文件

系统启动的过程中会加载一些硬件驱动、系统驱动、系统服务等信息，加载完毕后就进入相应的运行级别。至于进入哪个运行级别，与系统的初始化配置文件有关，其实在前面小节中安装软件选择"基本环境"的时候，选择"带 GUI 的服务器"以外的其他选项时，安装完毕并登录系统后会弹出字符登录界面，而选择"带 GUI 的服务器"选项，会弹出图形桌面登录窗口。

系统到底进入哪一个运行级别，与系统的初始化配置文件/etc/systemd/system/default.target 有关系。用户可以在终端命令提示符下查看/etc/systemd/system 目录下的文件属性，可以看出 default.target 被链接到 graphical.target 文件上，执行 X Window 应用程序，即图形桌面应用程序。

```
[root@ksu ~]# ll /etc/systemd/system | grep default.target
lrwxrwxrwx. 1 root root 36 11 月 5 21:05 default.target ->
/lib/systemd/system/graphical.target
drwxr-xr-x. 2 root root 87 11月 5 20:57 default.target.wants
```

Linux 系统不同的运行级别可以启动不同的服务。Linux 系统共 7 个运行级别，一般用 0~6 来表示。各个运行级别的定义见表 1-3。

表 1-3　Linux 运行级别定义

运 行 级 别	目　标	说　明
0	poweroff.target	关机，不推荐设置
1	rescue.target	单用户模式
2	multi-user.target	多用户模式，但是没有网络文件系统
3	multi-user.target	完全多用户模式
4	multi-user.target	保留
5	graphical.target	X11，图形桌面系统
6	reboot.target	重新启动，不推荐设置

需要说明的是，虽然许多 Linux 系统对运行级别 2、3、4 的定义不同，但是在 REHL 7.x 中却统一设置为 multi-user.target，即多用户模式。此外，表 1-3 中的目标还可以用 runlevel0.targe、runlevel1.targe、runlevel2.targe 等表示。

如果要查看系统当前所处的运行级别和上一次的运行级别，则可以使用 runlevel 命令。如果系统不存在上一次的运行级别则用"N"来标记，示例如下：

```
[root@ksu ~]# runlevel
N 5#当前运行级别为 5，无上次运行级别
[root@ksu ~]# init 3
[root@ksu ~]# runlevel
5 3#当前运行级别为 3，上一次运行级别为 5
```

1.5.3　登录与关机

1．本地登录

用户可以通过图形界面和字符界面登录系统，在登录界面中输入账号和密码，单击"登录"按钮或者按 Enter 键后就登录到 Linux 系统。图形界面登录窗口如图 1-25 所示，选择"未列出？"选项，输入用户名和密码，校验通过后就能登录到 Linux 系统，此时将显

示 Linux 系统桌面。

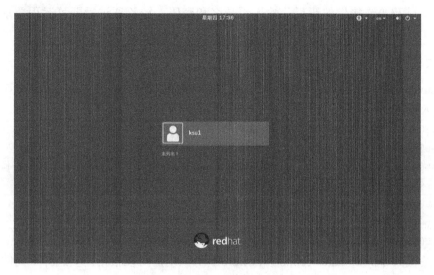

图 1-25　图形界面登录窗口

2. 远程登录

除本地登录方式外，Linux 系统还提供了 sshd 服务，允许用户远程登录到系统。这就需要用户安装远程登录工具，如 Xshell、SecureCRT、MobaXterm、PuTTY 等。Xshell 远程登录 Linux 系统设置界面如图 1-26 所示。

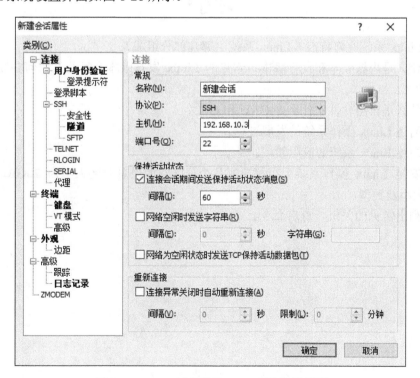

图 1-26　Xshell 远程登录 Linux 系统设置界面

在 Xshell 软件中新建连接，选择 SSH 协议、22 号端口，设置主机为 192.168.10.3，单击"确定"以及"连接"按钮后，输入用户名和密码，校验通过后即可远程登录到 Linux 系统。

3. 关机

在 Linux 系统桌面上选择"应用程序"→"系统工具"→"终端"命令，显示命令提示符，输入以下命令：

```
[root@ksu ~]# shutdown -h now          #立刻关机
[root@ksu ~]# shutdown -r now          #立刻重启
[root@ksu ~]# shutdown -h 12:30        #12:30 准时关机，以本机时间为准
[root@ksu ~]# shutdown -h +30          #30min 后关机
[root@ksu ~]# shutdown -r +30          #30min 后重启
[root@ksu ~]# init 0                   #系统初始化为 0 号级别，即关机
[root@ksu ~]# init 6                   #系统初始化为 6 号级别，即重启
```

其他关机命令，如 halt、reboot、poweroff 等，用户可以根据需要选择不同的命令。在延迟重启或者关机的过程中，系统会根据 shutdown 命令指定的时间进行操作。在输入关机命令后，在没有真正执行关机命令前，用户如果需要取消关机命令或者重启命令，可以输入# shutdown －c 命令或者按 Ctrl+C 组合键中断 shutdown 命令的执行。shutdown 命令的进一步使用可以通过 shutdown --help 或者 man shutdown 获取。

习题 1

1.1 Linux 系统有何特点？Linux 系统由哪几部分组成？

1.2 什么是内核版本和发行版本？常见的 Linux 发行版本有哪些？如何获取 Linux 发行版本软件？

1.3 什么是自由软件？什么是 GNU 和 GPL？

1.4 简述 Linux 操作系统的发展过程。

1.5 简述 Linux 系统的应用领域。

1.6 安装 Linux 操作系统至少需要哪几个分区？如果总分区大小为 20GB，请合理分配各分区大小及类型。

1.7 列出常见的关机、重启命令。

第 2 章　Linux 文件系统及终端操作

　　Linux 操作系统允许终端用户登录，在终端上，通过输入 Shell 命令来操作和使用计算机资源。本章首先介绍 Linux 的文件系统，并对目录结构进行重点说明；其次讲解 Shell 语法规范及使用技巧，并对文件及目录的操作进行详细讲解。最后介绍了广泛应用的 vi 编辑器。

2.1　Linux 文件系统

2.1.1　Linux 文件系统类型

　　为了实现不同操作系统之间兼容，进而交换数据，通常操作系统支持多种类型的文件系统，如 Windows 下的 FAT16、FAT32 以及 NTFS 文件系统等。随着 Linux 系统的不断发展，所支持的文件系统类型越来越丰富，尤其是 Linux 内核 2.4 以后，推出了 ext4、xfs 等类型。Linux 内核支持多种不同类型的文件系统，包括 ext、ext2、ext3、ext4、xfs、ISO 9660、Minx、MSDOS、UMSDOS、VFAT、NTFS、HPFS、NFS、SMB、PROC 等。对于 Red Hat Enterprise Linux 7.x 版本，系统默认使用 xfs 和 swap 文件系统。Linux 系统常用的文件系统如下。

1. ext 文件系统

　　ext 是第一代扩展文件系统，于 1992 年 4 月发布。由于在稳定性、速度和兼容性方面存在缺陷，现已很少使用。

　　ext2 是为解决 ext 文件系统存在的缺陷而设计的可扩展、高性能的文件系统，成为第二代扩展文件系统。ext2 于 1993 年 1 月发布，在速度和 CPU 利用率上具有突出的优势，是 GNU/Linux 系统中标准的文件系统，支持 256B 的长文件名，文件存取性能较好。

　　ext3 是 ext2 的升级版本，在 ext2 的基础上增加了文件系统日志记录功能。在因断电或其他异常事件而停机重启后，操作系统会根据文件系统的日志，快速检测并恢复文件系统到正常的状态，并可提高系统的恢复时间，提高数据的安全性。ext3 是 Red Hat Linux 9.x（RHL 9.x）默认的文件系统。

　　ext4 是 ext3 的改进版本，修改了 ext3 中部分重要数据结构，增加了传输更大文件以及无限数量子目录的特性，可提供更好的性能和可靠性。ext4 是 RHEL 6.x 默认的文件系统。

2. swap 文件系统

swap 文件系统是 Linux 的交换分区。在 Linux 系统中，使用整个交换分区提供虚拟内存，其类型是 swap，分区大小一般是系统物理内存的两倍。在安装 Linux 操作系统时，必须创建交换分区，它是 Linux 系统正常运行所必需的，其类型是 swap。交换分区一般由操作系统自行管理。

3．xfs 文件系统

xfs 是一款优秀的日志文件系统，是由美国硅图公司于 20 世纪 90 年代初开发的文件系统，后将 xfs 移植到 Linux 操作系统上。xfs 推出之后被称为业界最先进的、最具有可升级性的文件系统。它是一个 64 位文件系统，最大支持 8EB 的单个文件系统，实际部署大小取决于宿主操作系统的最大块限制。xfs 是 RHEL 7.x 版本默认的文件系统。

4．vfat 文件系统

vfat 是 Linux 对 Windows 系统下的 FAT 文件系统的一个统称。

5．ISO 9660 文件系统

该文件系统是光盘所使用的标准文件系统。Linux 对该文件系统也有很好的支持，不仅能够读取光盘和 ISO 映像文件，还支持在 Linux 环境下刻录光盘。

2.1.2　Linux 系统目录结构

Linux 系统采用树状结构组织和管理文件及目录，所有文件采用分层的形式组织在一起，从而构成一个树状的层次结构。根（"/"）下所包含的内容如下：

```
[root@ksu ~]# ls /
bin   dev home lib64 mnt  proc run   srv tmp var
boot etc lib   media opt  root sbin sys usr
```

主要目录的作用如下：

（1）/

根（"/"）是 Linux 系统的唯一分区，其他所有分区都是挂载到 "/" 下的，也就是说所有文件和目录都是从 "/" 下开始存放的，但是只有 root 用户可以操作该目录。

（2）/bin 和/sbin

对 Linux 系统进行操作的常用命令一般存放在/bin 和/sbin 目录中。

/bin 目录通常存放用户常用的一些基本命令，包含对目录和文件操作的一些实用程序、压缩工具、RPM 包管理程序等，如 login、date、ping、netstat、mount、umount、su、vi、rpm 等。

/sbin 目录存放只允许 root 用户运行的一些系统维护程序，即只有使用 root 账号登录后，才能执行/sbin 目录中的命令。如 reboot、shutdown、poweroff 等。

（3）/etc

该目录存放所有程序的配置文件，以及用于启动和停止单个程序的启动及管理脚本，如/etc/hostname、/etc/hosts、/etc/resolv.conf 等。

（4）/dev

该目录存放设备文件，包括终端设备、USB 或连接到系统上的任何设备的文件，如

/dev/tty1、/dev/usbmon0、/dev/sr0 等。

（5）/var

该目录存放动态变化的内容，包括系统日志文件（/var/log）、函数库文件（/var/lib）、电子邮件（/var/spool/mail）、多次重新启动需要的临时文件（/var/tmp）、Web 服务工作目录（/var/www）、FTP 服务工作目录（/var/ftp）等。

（6）/tmp

该目录存放系统和用户创建的临时文件。当系统重启时，该目录下的文件都将被删除。

（7）/usr

该目录存放不经常变化的数据，以及系统下安装的应用程序文件，包括二进制文件、库文件、文档等内容。

/usr/bin 中包含用户程序的二进制文件，如果在/bin 中找不到用户二进制文件，则可以到/usr/bin 目录查看，如 at、awk、less 等。/usr/sbin 中包含系统管理员的二进制文件，如果在 /sbin 中找不到系统二进制文件，则可以到/usr/sbin 目录查看，如 atd、crond、NetworkManager、useradd、userdel。/usr/lib 中包含了/usr/bin 和/usr/sbin 用到的库文件。

（8）/home

该目录存放普通用户的主目录，如/home/zhangyi、/home/zhanger 等。

（9）/boot

该目录存放引导加载内核程序的相关文件，内核的 initrd、vmlinuz、grub2 文件位于/boot 下，如 initrd.img-2.6.32-24-generic、vmlinuz-2.6.32-24-generic 等。

（10）/lib

该目录是库文件的存放目录，包含执行位于/bin 和/sbin 下的二进制文件所需的共享库函数。

（11）/opt

该目录是可选目录，一些软件包和第三方应用程序通常安装在/opt 目录下。

（12）/mnt

该目录是临时文件目录，可为某些设备提供临时挂载点，如 cdrom、cdrw、cd 等。当挂载设备到/mnt 目录下，用户就可以通过访问/mnt 目录来访问设备。

2.1.3　Linux 系统文件类型及属性

1. 文件类型

在 Linux 系统中，文件是存储信息的基本结构，是通常被命名后存放在介质上的一组信息的集合。文件名是文件的标识，是由字母、数字、下画线和句点组成的字符串。Linux 要求文件名的长度不得超过 255 个字符，用户可以把扩展名作为文件名的一部分，扩展名在文件分类时十分有用。例如，使用 C 语言编写的源代码文件扩展名为 ".c"。

Linux 系统中支持多种文件类型，有普通文件、目录、链接文件、设备文件和管道文件，详细说明如下：

（1）普通文件

普通文件是用户经常使用的文件。它分为文本文件和二进制文件。普通文件的类型会在属性的第一位以"-"来表示。

文本文件：以文本的 ASCII 码形式存储在计算机中。它是以"行"为基本结构的一种信息组织和存储方式。

二进制文件：以文本的二进制形式存储在计算机中，一般不能直接读取，只有通过相应的软件才能显示出来。二进制文件一般是可执行程序、图形、图像、声音等。

（2）目录

Linux 系统一般把目录当作文件来处理，目录存储了一组文件、子目录等信息。目录的类型会在属性的第一位以"d"来表示。

（3）链接文件

链接文件是一种特殊的文件，指向某个真实存在文件的链接，这类似于 Windows 下的快捷方式。根据链接文件的不同，可以分为硬链接文件和软链接文件。链接文件的类型会在属性的第一位以"l"（L 的小写）来标识。

（4）设备文件

Linux 把所有的硬件设备都当作文件来处理，存放在/dev 目录下。设备分为块设备（block）和字符设备（character）两种。设备文件的类型会在属性的第一位以"b"或者"c"表示，其中"b"代表块设备文件，"c"代表字符设备文件。

（5）管道文件

管道文件主要用于不同进程间的信息传递。当两个进程间需要进行数据或信息传递时，可以通过管道文件。一个进程将需要传递的数据或信息写入管道的一端，另一进程则从管道的另一端取得所需的数据或信息。管道文件的类型会在属性的第一位以"p"来表示。

2．文件的路径名

路径名用于标识文件在分层树状结构中存放的位置，可以采用绝对路径和相对路径来表示。绝对路径是从根开始的通过斜线字符"/"结合在一起的一个或多个目录以及文件名的集合，表示形式是唯一的，如 /etc/sysconfig/network-scripts/ifcfg-ens33、/home/zhangyi等。而相对路径是以用户的当前工作目录为参考点来表示的文件路径，一般以"."或者".."开始，表示形式灵活多样，是不唯一的。

例如，文件的层次结构如图 2-1 所示，top、zip 文件和 local、lib、X11 目录的绝对路径和相对路径（假设当前用户工作在 lib 目录下）表示如下：

top 文件的绝对路径：/usr/bin/top；相对路径：../bin/top 或../../usr/bin/top。

zip 文件的绝对路径：/usr/bin/zip；相对路径：../bin/zip 或../../usr/bin/zip。

local 目录的绝对路径：/usr/local；相对路径：../local

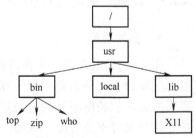

图 2-1　文件的层次结构

或../../usr/local。

　　lib 目录的绝对路径：/usr/lib；相对路径：.或../lib。

　　X11 目录的绝对路径：/usr/lib/X11；相对路径：X11 或../lib/X11。

3. 查看文件属性

　　使用 ls -l 或 ll 命令，可以列出文件和目录下的详细信息。其显示格式及各列的含义如下：

```
[root@ksu ~]# ll  /dev
总用量 0
crw-rw----.  1   root video  10, 175 11月   6 05:04 agpgart
crw-------.  1   root root    10, 235 11月   6 05:04 autofs
drwxr-xr-x.  2   root root        160 11月   6 05:04 block
drwxr-xr-x.  2   root root         80 11月   6 05:04 bsg
crw-------.  1   root root    10, 234 11月   6 05:04 btrfs-control
lrwxrwxrwx.  1   root root          3 11月   9 13:12 cdrom -> sr0
...
```

　　文件和目录下的详细信息用 7 列显示，各列内容详细介绍如下：

　　1）第 1 列显示文件属性。文件属性由一个文件类型标识和 3 组权限属性组成，共占用 10B，属性构成如图 2-2 所示。

图 2-2　Linux 文件属性构成

　　在 Linux 中，用户对文件的操作权限分为读、写、执行三种，用 r、w、x 表示。若没有某个权限，则在相应的权限位置用 "-" 来标记。

　　若某文件具有 x 属性，则该文件可以被执行，属于可执行文件。具有 x 属性的文件一般是二进制程序文件或可执行的脚本文件。二进制可执行程序是包含可执行代码的程序文件，可执行脚本文件是包含相应脚本命令的文本文件。

　　若目录具有可执行权限，可用 cd 命令进入该目录，并且可以操作该目录中的文件。

　　类型标识用于说明该文件的类型是普通文件、目录、设备文件还是链接文件。常见的类型标识见表 2-1。

表 2-1　常见的类型标识

标　　识	含　　义
-	普通文件
d	目录文件
c	字符设备文件
b	块设备文件
l（L 的小写）	链接文件

另外，一些文件属性的执行部分不是 x，而是 s，表示这个文件的使用者临时获得了与文件拥有者同样的权限来执行该文件。这种情况一般出现在文件的特殊权限中，如/sbin 目录下的 shutdown、poweroff、reboot 等。

2）第 2 列为文件个数。若为文件，则其值为 1；若为目录，则表示该目录下的文件数。

3）第 3 列为文件属主。

4）第 4 列为文件所属的组。

5）第 5 列为文件的大小。默认以 B（字节）为单位，空目录一般为 6B，空文件一般为 0B。

6）第 6 列为文件修改的时间。默认以"月 日 时间"的格式来显示。

7）第 7 列为文件名。

2.2 Shell 命令基础

2.2.1 Shell 简介

用户登录 Linux 操作系统后，默认会启动一个 Shell 应用程序。Linux 系统使用多种 Shell。RHEL 7.x 系统支持的 Shell 版本见表 2-2。

表 2-2　Shell 的不同版本

版　　本	说　　明
/bin/sh	即 Bourne Shell，是 UNIX 最初使用的 Shell，几乎所有的 UNIX 和 Linux 都支持。/bin/sh 在 Shell 编程方面相当优秀，但对用户交互方面的支持不如其他几种 Shell
/bin/bash	即 Bourne Again Shell，向后兼容/bin/sh，并且在 Bourne Shell 的基础上增加了很多特性，是各种 Linux 发行版本默认的 Shell
/sbin/nologin	不允许用户交互式登录系统
/bin/csh	具有 C 语言风格的一种 Shell，其内部命令有 52 个，较为庞大。目前使用的并不多，已经被/bin/tcsh 所取代
/bin/tcsh	csh 的增强版，支持 C 语言风格的语法结构，还提供命令编辑、拼写校正、历史记录、作业控制等功能

不同版本的 Linux 所支持的 Shell 种类差别不大，RHEL 7.x 系统默认的 Shell 类型为/bin/bash。查看 RHEL 7.x 系统支持的 Shell 种类可以采用如下命令：

```
[root@ksu ~]# cat /etc/shells
/bin/sh
/bin/bash
/sbin/nologin
/usr/bin/sh
/usr/bin/bash
/usr/sbin/nologin
/bin/tcsh
/bin/csh
```

Shell 还可以作为一种高级程序设计语言，可以把 Linux 命令组合起来，编写功能强大、结构灵活、交互能力强的应用程序。

2.2.2　Linux 命令的语法规范

Shell 命令是指用户登录系统后，在"#"或者"$"提示符下输入的一串字符串，其命令语法格式如下：

命令名　［选项］　＜参数 1＞　＜参数 2＞　＜参数 3＞…

命令名：描述该命令功能的单词或者缩写，如 cd、pwd、date、cat、su、rm 等。

选项：主要用于控制命令的功能，通常以"-"开始，后接一个或者多个字母。如果选项为一个单词，通常以"--"开始。如 ls　-l、ls　-a -l、ls　-ai、cp　-i、date　--help 等。

参数：主要指定操作的对象，如文件名、目录名、用户等。

为方便描述参数所表达的信息，有时需要配合通配符。常用的通配符及其说明见表 2-3。

表 2-3　常用的通配符及其说明

通 配 符	说　　明	通 配 符	说　　明
*	匹配任意长度的字符	[...]	匹配其中任何一个字符
?	匹配任意一个字符	[!...]	匹配任何不包括其中的一个字符

通配符在匹配文件名和目录名时非常有用，"*"能匹配文件名或目录名中任意长度的字符，包括"."，但是不能匹配首字符是"."的文件名或目录名。匹配隐藏文件名或目录名时要用".*"。通配符应用示例见表 2-4。

表 2-4　通配符应用示例

举　　例	说　　明
ls　f*	列出以"f"开头的所有文件
ls　*.conf	列出扩展名为".conf"的所有文件
ls　[a-zA-Z][a-zA-Z][0-9][0-9].txt	列出文件名前两位为字母、后两位为数字的".txt"文件
ls　test? .dat	列出以 test 开始的随后一位是任意字符的".dat"文件
ls　[abc]*	列出首字符以 a、b、c 中任意一个开头的所有文件
ls　[!abc]*	列出首字符以非 a、非 b、非 c 开头的所有文件

用户在命令提示符下输入命令并按 Enter 键后，Shell 应用程序开始执行命令。如果没有此命令，Shell 会提示"command not found"。Linux 系统提供了大量的 Shell 命令，记住所有的命令不是一件容易的事，但是 Linux 系统为人们提供了强大的帮助功能以及重要的热键操作，用户可以通过帮助来获取命令的详细操作。

1．通过--help 获取帮助

在命令名后面附加"--help"选项可获取该条命令的详细使用方法，如 ls　--help、shutdown　--help 等，可以获得 ls、shutdown 等命令的语法格式以及命令、选项、参数的解释说明等信息。

2. 通过 man 命令获取帮助

在 man 后面配合命令的名称就可以获取该命令的使用手册。例如，使用"man date"获取的命令帮助信息如图 2-3 所示。

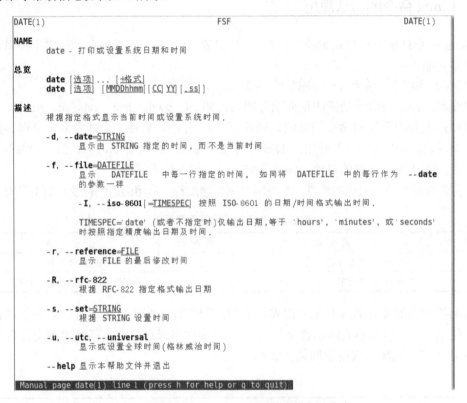

图 2-3　使用"man date"获取的命令帮助信息

该页面显示"date"命令的详细信息，可以按 PageUP 和 PageDown 键来向前、向后翻页，也可以使用空格键和 Enter 键向下翻页，按 q 键退出。

3. Tab 键的使用

在输入命令的过程中，可以按 Tab 键，系统会自动补全命令单词或者列出可供使用的选项参数。

4. Ctrl+C 组合键

在 Linux 下输入了错误的命令或参数，或者命令和程序在系统中不停地运行，可以通过按 Ctrl+C 组合键中断目前执行的命令。

5. Ctrl+D 组合键

用户想要直接离开文件界面，可以按 Ctrl+D 组合键，表示结束键盘输入。

6. clear

使用此命令可清理屏幕。

2.2.3　Shell 相关的配置文件

用户在登录时，bash 会从以下 5 个文件中读取环境参数，对用户的操作权限和 Shell 环境进行配置。Shell 的主要配置文件如下：

/etc/profile：设置系统的环境变量信息，如 PATH、HOME、HISTSIZE 等。当用户第一次登录时，该文件被执行，并从/etc/profile 配置文件中收集 Shell 的配置参数。该文件对全部用户有效。

/etc/bashrc：启动 Shell 时运行该脚本，当用户打开 bash shell 时，该文件被读取。该文件对全部用户有效。

~/.bash_profile：设置每个用户的 bash 环境变量或启动程序，如 PATH、LANG。当用户登录系统，在运行/etc/profile 后，读取该文件中的内容。该文件对当前用户有效。

~/.bashrc：用户可在这里设定别名和函数，启动 Shell 时会读取该文件。该文件对当前用户有效。

~/.bash_logout：退出系统（退出 bash shell）时执行该文件。

Linux 系统开机后，Shell 配置文件的执行顺序如下：

/etc/profile→~/.bash_profile→~/.bashrc→/etc/bashrc→~/.bash_logout

2.3　Linux 常用命令

2.3.1　基本操作命令

1. su 命令

该命令可切换用户账号，可以实现普通用户与根用户、普通用户之间的身份切换。命令格式为 su - <用户账号>。应用示例如下：

```
[root@ksu ~]# su - zhangyi        #切换到 zhangyi 用户，同时切换用户主目录
[zhangyi@ksu ~]$ su - root        #切换到 root 用户，需要输入密码
```

如果不加 "-" 参数，表示只切换用户账号，不切换用户主目录，当前的工作目录还停留在切换前用户的目录中。

2. date 命令

显示系统当前的日期和时间。命令格式为 date [参数] [格式]。应用示例如下：

```
[root@ksu ~]# date                #显示系统当前的日期和时间，即本地时间
2019 年 08 月 29 日 星期四 08:36:55 CST
[root@ksu ~]# date -u             #显示全球统一时间，即格林尼治时间
2019 年 08 月 29 日 星期四 00:37:07 UTC
[root@ksu ~]# date 050811562020   #设置当前的日期和时间，格式为 MMDDhhmm[YY]
2020 年 05 月 08 日 星期五 11:56:00 CST
```

3. cal 命令

显示公元 1～9999 年中任一年或任一月日历。命令格式为 cal ＜month＞ ＜year＞，其中参数＜month＞和＜year＞为可选项。应用示例如下：

```
[root@ksu ~]# cal                    #不带参数表示显示本年本月的日历
        九月 2019
 日  一  二  三  四  五  六
  1   2   3   4   5   6   7
  8   9  10  11  12  13  14
 15  16  17  18  19  20  21
 22  23  24  25  26  27  28
 29  30
[root@ksu ~]# cal 10 2019            #显示 2019 年 10 月份的日历
        十月 2019
 日  一  二  三  四  五  六
              1   2   3   4   5
  6   7   8   9  10  11  12
 13  14  15  16  17  18  19
 20  21  22  23  24  25  26
 27  28  29  30  31
```

4. wc 命令

该命令用来统计指定文件的行数、字数和字节数。命令格式为 wc [-lwc] 文件名，选项参数-l 为统计行数，-w 为统计字数，-c 为统计字节数。应用示例如下：

```
[root@ksu ~]# wc initial-setup-ks.cfg
  73  190 2237 initial-setup-ks.cfg
[root@ksu ~]# wc initial-setup-ks.cfg | wc | wc
  1    3    24
```

2.3.2 文件操作命令

1. ls 命令

（1）命令语法

该命令用来列出指定目录下或某几个目录下的内容。命令格式如下：

```
ls ＜选项＞ ＜目录名＞
```

ls 命令支持多个选项，主要选项参数如下：

-a：显示所有的文件和目录，包括隐藏文件和目录。

-A：显示所有的文件和目录，不包括 . 和 .. 。

-l：以长格式显示文件信息。

-i：以长格式显示文件信息，包括 inode 节点值。

-t：将结果按修改时间进行排序，新的文件或目录排在前面。

-R：递归显示当前目录及子目录下的所有文件和目录。

ls 命令的参数较多，使用过程中，可以将参数合并使用。例如，ll（L 的小写）命令等价于 ls　-l，ll　-a 等价于 ls　-la。命令的别名可以通过 alias 命令查看，用户也可以自定义命令别名。

（2）应用示例

```
[root@ksu ~]# alias ld="ls -ld"
[root@ksu ~]# ld /
dr-xr-xr-x. 17 root root 224 11月  5 21:05 /
[root@ksu ~]# ls -ld /
dr-xr-xr-x. 17 root root 224 11月  5 21:05 /
```

如果要删除定义的别名，可以通过 unalias 命令来实现，示例如下：

```
[root@ksu ~]# unalias ld
```

通过 alias 命令定义别名是临时有效的，在系统重启之后，别名会失效。如果要使别名长期有效，可以通过修改配置文件"~/.bashrc"实现。在 alias 列表后添加别名信息，重启系统后生效。如果要删除这种方法定义的别名，需要通过 vi 编辑器删除文件中的别名记录。

2．查看文件内容的命令

（1）cat 命令

该命令可显示文件内容，将文件的内容打印输出到显示器或者终端窗口上。该命令常用来显示内容不多的文本文件内容，长文件因滚动太快而无法阅读。cat 命令后面可以指定多个文件，或使用通配符依次显示多个文件内容。应用示例如下：

```
[root@ksu ~]# cat /root/initial-setup-ks.cfg
[root@ksu ~]# cat /etc/passwd /etc/shadow
```

cat 命令功能强大，可以配合其他参数建立小型文件以及合并文件。应用示例如下：

```
[root@ksu ~]# cat > file1
[root@ksu ~]# echo "hello ksu!"
[root@ksu ~]# echo 'date'
[root@ksu ~]# date > file2
[root@ksu ~]# cat file1 file2 > file        #将 file1、file2 合并为 file 文件
```

（2）more 以及 less 命令

more 命令可以分屏显示文件内容，按任意键后，系统会自动显示下一屏的内容，到达文件末尾后，命令执行结束。而 cat 命令可以连续滚动显示文件内容。

less 命令是在 more 命令功能的基础上，支持使用光标键向上或向下移动浏览文件，当到达文件末尾时，less 命令不会自动退出，需要按 q 键来结束浏览。

（3）head 以及 tail 命令

head 命令默认显示文件前面 10 行的内容，tail 命令默认显示文件末尾 10 行的内容，也可以配合数字来显示指定行数的文件内容。

```
[root@ksu ~]# head /etc/passwd              #显示前 10 行的内容
[root@ksu ~]# head '-5 /etc/passwd          #显示前 5 行的内容
```

3．touch 和 rm 命令

（1）命令语法

touch 命令主要用来更新文件的时间标记，如果指定的文件不存在，则该命令创建指定文件名的空文件。

```
[root@ksu ~]# touch  file
```

rm 命令用来删除文件或目录。在命令行中可以包含一个或多个文件名，中间用空格隔开。在删除目录时一般要配合"-r"选项，否则 rm 不会删除目录。命令格式为 rm   [选项] <文件名>。

其中，常用选项参数说明如下：

-f： 强制删除，不提示信息。

-i： 每一次删除前给出提示信息。

-r： 删除目录及其包含的内容。

（2）应用示例

```
[root@ksu ~]# rm  file              #删除前确认是否删除 file 文件
[root@ksu ~]# rm  -i  file1         #删除前确认是否删除 file1 文件
[root@ksu ~]# rm  -f  file2         #强制删除 file2 文件
[root@ksu ~]# rm  -rf  /test        #强制递归删除/test 目录
```

在 Linux 系统中，文件一旦删除将无法恢复，所以删除前一定要确认清楚。

4．cp 和 mv 命令

（1）命令语法

cp 命令用来实现文件或目录的复制。命令格式为 cp   [选项] 源文件或目录   目标文件或目录。

其中，常用的选项参数说明如下：

-p： 复制时保持属性不变。

-r： 递归复制目录及子目录的内容。

-f： 强制复制。

（2）应用示例

```
[root@ksu ~]# cp  file1  file2       #将 file1 文件复制为 file2
[root@ksu ~]# cp  file1  /test       #将 file1 文件复制到/test 目录下
[root@ksu ~]# cp  -p  file1  file3   #将 file1 文件复制为 file3，且保持权限不变
[root@ksu ~]# cp  -r  /test  /test2  #将/test 目录下的所有内容复制到/test2 目录
[root@ksu ~]# cp  -pr  /test  /test3
#将/test 目录下的所有内容复制到/test3 目录，且保持权限不变
```

默认情况下，cp 命令会直接覆盖已存在的同名文件，一般会给出提示信息，如果忽略提示信息，则需要使用-f 参数。

mv 命令用来实现移动或重命名文件或目录。其命令格式及用法同 cp 命令。

5．find 命令

（1）命令语法

find 命令可以根据给定路径和表达式查找文件或目录。find 参数选项较多，并且支持正则表达式，功能强大。find 和管道命令结合使用可以实现复杂的功能，是系统管理员和普通用户必须掌握的命令。find 命令格式如下：

```
find  [路径]  [参数]  [表达式]
```

该命令的参数较多，常用参数如下：

-user：根据文件拥有者查找文件。

-name：根据文件名查找文件。

-group：根据文件所属组查找文件。

-perm：根据文件权限查找文件。

-size：根据文件大小查找文件，参数对应为 k、M、G、T。

-type：根据文件类型查找文件，参数对应为 b、c、d、p、l。

-o：表达式或。

-not：表达式非。

（2）应用示例

```
[root@ksu ~]# find / -user root        #在根下查找用户名为 root 的所有文件
[root@ksu ~]# cd /
[root@ksu /]# touch aa11.txt  bb22.txt
[root@ksu /]# mkdir  test123
[root@ksu /]# find / -name "[a-zA-Z][a-zA-Z][0-9][0-9].txt"
#在根目录下查找前两位为字母、后两位为数字的.txt 文件
[root@ksu /]# find / -group root       #在根下查找用户组为 root 的所有文件
[root@ksu /]# find / -perm 644         #在根下查找权限为 644 的所有文件
[root@ksu /]# find / -size +40k        #在根下查找大于 40kB 的所有文件
[root@ksu /]# find /  -name  "[a-zA-Z][a-zA-Z][0-9][0-9].txt"  -exec  rm
-rf {} \;
#在根下查找所有名称为前两位是字母、后两位是数字的文件，并强制删除
[root@ksu /]# find / -name test123 -exec chmod 764 {} \;
#查找根下名称为 test123 的文件，并设置权限为 764
```

6．cut 命令

（1）命令语法

cut 命令主要用来截取指定范围的文本内容。命令格式为 cut [选项] [文件名称]。

其中，参数说明如下：

-b：列出指定的字节数或范围。

-c：列出指定的字符数或范围。

-d：指定分隔符。

-f：设置列出的范围。

（2）应用示例

```
[root@ksu ~]# cat  /etc/passwd
[root@ksu ~]# cut -b 1-3 /etc/passwd
#将/etc/passwd 文件每行的第 1~3 个字节抽取出来
[root@ksu ~]# cut -f 1 -d : /etc/passwd          #将/etc/passwd 文件第 1 列内容
抽取出来
[root@ksu ~]# cut -f 1,7 -d : /etc/passwd > file
#将/etc/passwd 文件第 1 列和第 7 列内容抽取出来，并放到 file 文件中
```

7. which、whichis 和 locate 命令

（1）命令语法

which 命令主要用来查找可执行文件的位置及别名，也就是命令的存放位置；whichis 用来搜索一个可执行工具以及相关的配置和帮助；而 locate 用来在系统中查找包含特定字符串的文件。

（2）应用示例

```
[root@ksu ~]# which ls
alias ls='ls --color=auto'
       /bin/ls
[root@ksu ~]# whereis ls
ls: /bin/ls /usr/share/man/man1/ls.1.gz /usr/share/man/man1p/ls.1p.gz
[root@ksu ~]#locate ls                           #列出包含 ls 的所有文件
```

8. grep 命令

（1）命令语法

grep 命令用于从一个文件中找出匹配指定关键字的那一行，并送到标准输出，结合管道符，可以用来过滤搜索结果。

（2）应用示例

```
[root@ksu ~]# ls -a |grep bash
.bash_history
.bash_logout
.bash_profile
.bashrc
.bashrc.swp
[root@ksu ~]# cat /etc/passwd |grep root
root:x:0:0:root:/root:/bin/bash
operator:x:11:0:operator:/root:/sbin/nologin
```

9. 管道符 "|" 与>、>>与<、<<重定向命令

（1）命令语法

管道符 "|" 可以将多个简单命令组合在一起来完成复杂的功能。"|" 将命令划分为前后两个部分，前面命令的输出结果作为后面命令的输入。命令格式为：

命令 1 |命令 2 |命令 3 |…|命令 n

　　输出重定向 "＞" 和附加输出重定向 "＞＞" 命令用来将命令或可执行程序的标准输出定向到指定的文件中。使用 "＞" 进行输出重定向，文件的原内容会被覆盖掉，而 "＞＞" 可以将输出内容追加到文件末尾。命令格式为：

　命令 ＞ 文件名　 或　 命令 ＞＞ 文件名

　　输入重定向 "＜" 和附加输入重定向 "＜＜" 命令用来将命令或可执行程序的标准输入重定向到指定的文件中。命令格式为：

　命令 ＜ 文件名　 或　 命令 ＜＜ 文件名

　　错误输出重定向 "2＞" 用于将程序的错误输出重定向到指定文件。命令格式为：

　命令 2＞文件名

（2）应用示例

```
[root@ksu ~]# date > file
[root@ksu ~]# cal >> file
[root@ksu ~]# cat file
[root@ksu ~]# ls -l Linux 2> file123
[root@ksu ~]# cat file123
```

10．ln 链接文件命令

（1）硬链接和软链接

　　链接是一种在共享文件和访问用户的若干目录项之间建立联系的一种方法。文件的链接其实就是给一个文件起多个名字，有硬链接和软链接两种形式。硬链接用于在目标位置上创建一个和源文件大小相同的文件。而软链接只是在目的位置上创建一个文件的链接文件，相当于 Windows 中的快捷方式。两种链接的本质区别在于 inode。文件数据存储在磁盘分区中，另外还需在某一个地方存储文件的元信息，如文件的创建者、创建日期、文件大小等内容，这些存储文件元信息的区域就称为 inode。可以使用 "ll -i" 命令查看文件的 inode 值，如下所示，第一列为对应文件的 inode 值。

```
[root@ksu /]# ll -i
总用量 28
     127 lrwxrwxrwx.   1 root root    7 12 月     5 2019 bin -> usr/bin
16777281 drwxr-xr-x. 139 root root 8192 6 月   18 11:09 etc
16778438 drwxr-xr-x.   4 root root   28 5 月   18 22:55 home
   44579 lrwxrwxrwx.   1 root root    7 12 月     5 2019 lib -> usr/lib
      82 lrwxrwxrwx.   1 root root    9 12 月     5 2019 lib64 -> usr/lib64
…
```

　　系统读取文件时，一般先读取 inode 信息表，然后根据 inode 中的信息到块区域将数据取出来。而硬链接是直接新建一个 inode，进而链接到文件放置的块区域，即进行硬链接时该文件内容没有任何变化，只是增加了一个指向这个文件的 inode，并不会额外占用磁盘空间。其限制条件如下：

　●　不能跨文件系统，因为不同的文件系统有不同的 inode 表。

　●　不能链接目录。

　　软链接是建立一个独立的文件，当读取这个链接文件时，它会把读取的动作转发到该文件所链接的文件上。举个例子：现在有一个文件 a，对其做了一个软链接文件 b，b 指向 a，当读取 b 时，b 就会把读取的动作转发到 a 上，这样就读取了文件 a。在删除文件 a 时，链接文件 b 不会被影响，但如果再次读取 b 时，会提示无法打开文件。另外，在删除 b 时，不会对文件 a 造成任何影响。

硬链接和软链接的主要区别如下：

- 硬链接记录的是目标文件的 inode，软链接记录的是目标文件的路径。
- 软链接就像是快捷方式，而硬链接就像是备份。
- 软链接可以建立跨分区的链接，而硬链接由于 inode 的缘故，只能在本分区中建立链接。

（2）命令语法

命令格式为：

```
ln  [参数] 源文件   目标文件
```

其中参数为空时表示创建硬链接文件，为 "-s" 时用于创建软链接文件。

（3）应用示例

```
[root@ksu ~]# touch  f1
[root@ksu ~]# ln  f1  f2
[root@ksu ~]# ln  -s  f1  f3
[root@ksu ~]# ls  -li
[root@ksu ~]# echo  "I am f1 file"  >>  f1
[root@ksu ~]# cat  f1 #cat f2, cat  f3
[root@ksu ~]# rm  -rf  f1
[root@ksu ~]# cat  f2
[root@ksu ~]# cat f3
```

可以看出删除源文件 f1 后，硬链接文件 f2 不受影响，软链接文件 f3 失效了，但是该链接文件依然存在。同样，删除硬链接文件 f2 或者软链接文件 f3，读者可查看对其他文件的影响。结论如下：

1）删除硬链接文件 f2，对 f1 和 f3 无影响。

2）删除软链接文件 f3，对 f1 和 f2 无影响。

3）删除源文件 f1，对 f2 无影响，但是 f3 失效。

4）同时删除 f1 和 f2，则整个文件真正被删除。

2.3.3 目录操作命令

1．pwd 命令

该命令显示用户当前工作目录的全路径名。例如：

```
[root@ksu ~]# pwd                    #显示 root 用户的当前工作目录
/root
```

2．cd 命令

该命令切换当前用户的工作路径。格式为 cd   <目录名>。例如：

```
[root@ksu ~]# cd  /test                    #切换到/test目录下
[root@ksu test]# cd  ~                      #切换到root用户的主目录下
[root@ksu ~]# cd  .                         #切换到当前目录下
[root@ksu ~]# cd  ..                        #切换到上一级目录下
[root@ksu /]# cd  ../../                     #切换到上二级目录下
```

3. mkdir 和 rmdir 命令

mkdir 用于创建新的目录；rmdir 用于删除目录，删除目录时，目录必须为空目录。命令格式如下：

```
mkdir   新目录名
rmdir   空目录名
```

2.4 文件权限管理

2.4.1 修改文件的属性

Linux 系统允许多个用户同时登录系统，用户在登录系统时需要输入用户名和密码，这样系统可以通过用户账号和 UID 来确定每个用户在登录系统后可以进行哪些操作，也可以用来区别不同用户所建立的文件或目录。

每个文件或目录都有它的所有者，即属主。默认情况下，文件或目录的创建者即为该对象的属主，root 或属主对该对象具有特殊的权限。根据需要，文件或目录的所属关系是可以更改的，用户可以使用 chown 命令修改文件的所有者和用户组，使用 chgrp 命令更改指定文件或目录所属的用户组。其语法格式如下：

```
chown   [-R] 新所有者:新用户组 文件或目录
chgrp   [-R] 新用户组 文件或目录
```

其中，-R 是可选参数，表示递归修改目录属性。

1. 应用举例

为了方便测试，下面用 groupadd 创建两个用户组，用 useradd 命令创建两个普通用户账号，并用 passwd 命令为新创建的用户设置密码，否则该用户将无法登录。

```
[root@ksu ~]# groupadd  student
[root@ksu ~]# groupadd  teacher
[root@ksu ~]# useradd  -g  student  zhangyi
[root@ksu ~]# useradd  -g  student  zhanger
[root@ksu ~]# passwd  zhangyi                      #设置 zhangyi 用户的密码
[zhangyi@ksu ~]$ touch  file
#打开另一个虚拟终端，采用 zhangyi 账号来登录系统，在主目录下创建 file 文件
[zhangyi@ksu ~]$ ll
总用量 0
-rw-r--r--. 1 zhangyi student 0 8月  29 19:06 file
```

2．更改文件的属主

从以上输出可以看出，file 文件的拥有者为 zhangyi，所属的组为 student。若要将 file 文件的拥有者修改为 zhanger，则操作命令为：

```
[root@ksu ~]# chown  zhanger  /home/zhangyi/file
[root@ksu ~]# ll  /home/zhangyi
总用量 0
-rw-r--r--. 1 zhanger student 0 8月  29 19:06 file
```

3．更改文件所属的组

若要将 file 文件所属的组修改为 teacher，则操作命令为：

```
[root@ksu ~]# chgrp  teacher  /root/file
[root@ksu ~]# ll  /home/zhangyi
总用量 0
-rw-r--r--. 1 zhanger teacher 0 8月  29 19:06 file
```

若要将 file 文件的所有者和所属的组更改为 root 用户和 root 组，则操作命令为：

```
[root@ksu ~]# chown  root:root  /root/file
[root@ksu ~]# ll  /home/zhangyi/file
-rw-r--r--. 1 root root 0 8月  29 19:06  /root/file
```

chown 命令可以同时更改所有者和所属的用户组，所有者和所属的组之间可以用冒号进行分隔，如 root:root。

2.4.2　更改文件的权限

文件权限与用户账号和用户组关系紧密，即不同类型的用户具有不同的操作权限。每个用户严格执行属于自己的权限。同时，root 和属主用户可以根据需要修改文件权限，确保其他用户对文件的正常操作。

1．文件权限的表示方法

Linux 操作系统规定了三种不同类型的用户，包括属主用户，即 user，记作 u，指文件的拥有者；同组用户，即 group，记作 g，指文件属组的同组用户；另外一种是其他用户，即 other，记作 o，指属组以外的用户。若要表示所有用户，即 all，记作 a。

访问权限除了用 r、w、x、-表示外，还可以用三位八进制来表示，具体表示如下：

（1）三组九字母表示法

每一组都表示不同类型的用户具有的权限，顺序为属主用户、同组用户以及其他用户。使用"ls -l"命令显示"/root"目录下的详细信息，如下：

```
[root@ksu ~]# ls  -l
-rw-r--r--.  1 root root  2885 8月  29 17:54 file
-rw-r--r--.  1 root root     0 8月  29 17:55 file1
drwxr-xr-x.  2 root root  4096 8月  29 20:17 test
drwxr-xr-x.  2 root root  4096 8月  29 20:18 test1
...
```

可以看出，在每一种类型的用户权限中，第一位是"读"权限的位置，第二位是"写"权限的位置，第三位是"执行"权限的位置。如果此类用户有某种权限，就在对应位置列出权限，如果没有则用"-"来标记。

（2）三位八进制表示法

与三组九字母表示法对应，如果该位有权限则表示为 1，如果没有权限则表示为 0，每三位一组，表示一位八进制。例如，file 文件权限对应的二进制为"110 100 100"，转换为八进制为 644，test 目录对应的八进制访问权限为 755。

2．文件权限的修改方法

root 和属主可以根据需要修改文件权限，修改文件权限的命令为 chmod。有下面两种修改方法。

（1）字母形式修改

在三组九字母表示法的基础上，若要增加某项权限，可用"+"来表示；若要去掉某项权限，可用"-"来表示；若只赋予该项权限，可用"="来表示。比如，file 文件当前的权限为 rw-r--r--，若要修改为 rwxrw-r-x，操作命令为：

```
# chmod u+x, g+w, o+x  file
```
或者
```
# chmod u=rwx, g=rw, o=rx  file
```

（2）八进制形式修改

在三位八进制表示法的基础上，根据要求，修改对应用户的八进制权限。应用举例如下：

```
# chmod  766  test   #将 test 的权限设置为 rwxrw-rw-
# chmod  744  test1  #将 test1 的权限设置为 rwxr--r--
# ls -l|grep  test
```

2.4.3　权限掩码 umask

文件的默认权限是指新创建的文件或目录所拥有的权限，Linux 系统通过配置 umask 来确定。其计算公式如下：

```
文件创建时的默认权限=0666-umask
目录创建时的默认权限=0777-umask
```

系统默认的 umask 值为 0022，那么创建文件的默认权限为 0666-0022=0644，创建目录的默认权限为 0777-0022=0755。需要注意的是，系统每次创建用户时都会创建对应的主目录，默认情况下其权限为 700，这是根据/etc/login.defs（用户账号限制文件）中定义的 umask 值来计算的。应用举例如下：

```
[root@ksu ~]# umask
0022
[root@ksu ~]# touch  file1  file2
[root@ksu ~]# mkdir  test1  test2
[root@ksu ~]# umask  0002           #设置权限掩码为 0002
```

```
[root@ksu ~]# touch  file3  file4
[root@ksu ~]# mkdir  test3  test4
[root@ksu ~]# ll | grep file
-rw-r--r--. 1 root root          0 8月  29 20:40 file1
-rw-r--r--. 1 root root          0 8月  29 20:40 file2
-rw-rw-r--. 1 root root          0 8月  29 20:41 file3
-rw-rw-r--. 1 root root          0 8月  29 20:41 file4
[root@ksu ~]# ll | grep test
drwxr-xr-x. 2 root root       4096 8月  29 20:40 test1
drwxr-xr-x. 2 root root       4096 8月  29 20:40 test2
drwxrwxr-x. 2 root root       4096 8月  29 20:41 test3
drwxrwxr-x. 2 root root       4096 8月  29 20:41 test4
```

2.4.4　特殊权限

1. 特殊权限表示

umask 权限掩码值有四位，一般只使用后三位，最前面那一位为特殊权限，即强制位与冒险位。强制位和冒险位用最前面那个 0 的位置来表示，值若为 4 和 2 就具有强制位，若为 1 就具有冒险位，其中 4 代表的是 suid，2 代表的是 sgid，1 代表的是 sticky。

当一个文件设置了 suid 后，那么所有用户执行这个文件的时候，都以这个文件属主的权限来执行。默认情况下，用户建立的文件属于用户当前所在的组，但是设置了 sgid 以后，就表示在此目录中，任何人建立的文件都会属于目录所属的组。sgid 只对目录进行设置。当一个目录设置了 sticky 后，只有该目录的属主及 root 可以删除该目录。

rwsrw-r--，表示开启 suid；rwxrwsrw-，表示开启 sgid；rwxrw-rwt，表示开启 sticky。若同时开启 suid、sgid 和 sticky，则权限表示为-rwsr-sr-t。如果同时关闭执行权限，则表示字符会变成大写，如-rwSr-Sr-T。

2. 权限修改

特殊权限修改与文件修改的方法一样，都是采用 chmod 命令。应用示例如下：

```
[root@ksu ~]# ll | grep f
-rw-rw-r--. 1 root root      0 8月  29 21:12 f1
-rw-rw-r--. 1 root root      0 8月  29 21:12 f2
-rw-rw-r--. 1 root root      0 8月  29 21:12 f3
[root@ksu ~]# chmod u+s f1                      #设置 suid
[root@ksu ~]# chmod u-x f1                      #关闭执行权限
[root@ksu ~]# chmod u+xs f2                      #设置 sgid 和执行权限
[root@ksu ~]# chmod 1755 f3                      #设置 sticky
[root@ksu ~]# ll | grep f
-rwSrw-r--. 1 root root      0 8月  29 21:12 f1
-rwsrw-r--. 1 root root      0 8月  29 21:12 f2
-rwxr-xr-t. 1 root root      0 8月  29 21:12 f3
```

一般情况下，普通用户不具有 root 的命令操作权限，如 shutdown、reboot、poweroff、halt、useradd、userdel 等，可以通过添加 suid 强制位来实现，root 用户的其他操作命令与此同理。要使普通用户具有关机、重启权限，实现过程如下：

```
[root@ksu ~]# chmod u+s /sbin/shutdown
[root@ksu ~]# su - zhangyi
[zhangyi@ksu ~]$ shutdown -r now
```

2.5　vi 文本编辑器

vi 是 Linux 系统常用的文本编辑器，常被用来修改和配置一些文件及网络参数，因此熟练掌握和使用 vi 编辑器对于提高学习和工作效率具有重要意义。可以采用 vi 去编辑一个 C 语言文件或者 C++程序文件，在执行 Shell 文件时，vi 依据文件的扩展名或者内容的头部信息来判断该文件的内容并且进行语法判断。目前，所有的 Linux 发行版本都会包含 vi 文本编辑器，许多软件也默认使用 vi 作为其的编辑界面。此外，vim 是 vi 的升级版本，vim 不但可以加亮显示文本内容，而且支持多级撤销以及提供诸如 Shell 脚本、C 程序等的编辑功能。

2.5.1　启动与退出 vi 编辑器

在命令提示符下，输入"vi　filename"或"vi"即可启动 vi 编辑器，并自动进入命令模式。启动操作如下：

```
# vi /etc/passwd          #vi 打开/etc/passwd 文件
# vi +10 /etc/passwd      #vi 打开/etc/passwd 文件，光标停留在第 10 行行首
# vi -r /etc/passwd       #系统瘫痪后恢复/etc/passwd 文件
# vi +/gnome /etc/passwd  #从文件中找出 gnome 关键字，光标停留在该行行首
```

在命令模式下，输入冒号":"进行存盘退出操作。如果不确定当前处于何种模式，就多按几次 Esc 键，即可返回到命令模式。在末行模式下进行的存盘退出操作如下：

```
:w          #保存
:wq         #保存退出
:q!         #强制退出
:wq!        #强制保存退出
```

2.5.2　vi 的三种模式

vi 编辑器提供三种不同的模式，即命令模式、输入模式和末行模式。在不同模式中进行的操作不一样，模式之间可以进行切换。这三种模式说明如下：

（1）命令模式

该模式是启动 vi 编辑器后的默认模式。在该模式下，可使用↑、↓、←、→键来移动光标，另外，还可以输入 vi 命令来进行复制、剪切、粘贴以及其他操作。若输入的不是合

法的 vi 命令，则会出现警告提示。

（2）输入模式

在命令模式下，可以进行复制、剪切、粘贴以及其他操作，但是无法编辑文件的内容。在按下 i（插入命令）、a（附加命令）、o（打开命令）键进入输入模式后，即可实现文档内容的输入和编辑。若要返回到命令模式，则可按 Esc 键。如果对文件内容编辑不满意，可以在命令模式下按 u 键来撤销前一个操作，或者按 Ctrl+r 组合键来重做上一个操作。

（3）末行模式

在命令模式下，按 Shift+：组合键即可切换到末行模式，这时光标停留在屏幕的最后一行。在该模式下，可以提供查找、替换、保存等操作。

简单地说，vi 编辑器三种模式间的切换操作如图 2-4 所示。

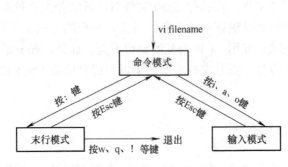

图 2-4 vi 编辑器三种模式间的切换

2.5.3 移动光标

很多编辑操作需要光标来定位，vi 提供了很多移动光标的方式，表 2-5 列出命令模式下常用的 vi 光标移动命令。

表 2-5 命令模式下常用的 vi 光标移动命令

命　令	含　义
←、→、↑、↓	向左、向右一次移动一个字符，向上、向下一次移动一行
b、w	b 表示向后一次移动一个单词，w 表示向前一次移动一个单词
）、（	）表示向前一次移动一个句子，（表示向后一次移动一个句子
}、{	}表示向前一次移动一个段落，{表示向后一次移动一个段落
nG	光标跳转到第 n 行的行首，如 10G，表示跳转到第 10 行的行首
gg	将光标移至文档首部

2.5.4 复制、剪切和粘贴

vi 的编辑命令由命令与范围所构成。表 2-6 列出了命令模式下常用的 vi 复制、剪切和粘贴命令。

表 2-6　命令模式下常用的 vi 复制、剪切和粘贴命令

命　令	说　明
yw	复制光标所在处的单词
yy	复制光标所在处的行
y1G	从光标所在处复制到文档首部
yG	从光标所在处复制到文档尾部
cw	剪切光标所在处的单词
cc	剪切光标所在行
c0	剪切至行首
C	剪切至行尾
p	粘贴，将复制或剪切的内容粘贴到光标所在处的位置

2.5.5　输入、编辑和删除

vi 编辑器一般认为输入与编辑有所不同。输入是在输入模式下进行的操作。而编辑是在命令模式下进行的，先利用命令移动光标来定位到要进行编辑的地方，然后使用相应的命令进行编辑。表 2-7 列出了命令模式下常用的 vi 删除命令。

表 2-7　命令模式下常用的 vi 删除命令

命　令	含　义
x	删除光标所在处的字符
dd	删除光标所在的行
dw	删除光标所在处的单词
dG	从当前光标所在处删至文档尾部
D1G	从当前光标所在处删至文档首部
D0	从当前光标所在处删至行首
D	从当前光标所在处删至行尾

2.5.6　查找和替换

表 2-8 列出了末行模式下常用的 vi 查找和替换命令。

表 2-8　末行模式下常用的 vi 查找和替换命令

命　令	含　义
:/string	查找 string，并将光标定位到包含 string 字符串所在的行
:? string	将光标移动到最近的一个包含 string 字符串的行
:n	将光标定位到文件的第 n 行
:s/string1/string2/	用 string2 替换掉光标所在行首次出现的 string1
:s/string1/string2/g	用 string2 替换掉光标所在行中所有的 string1
:m,n s/string1/string2/g	用 string2 替换掉第 m 行到第 n 行中所有的 string1
:%s/string1/string2	用 string2 替换掉全文的 string1

习题 2

2.1 简述/bin、/boot、/etc、/home、/var 分区的功能。

2.2 什么是 Shell？常见的 Shell 有哪些类型？Linux 系统默认的 Shell 是什么？

2.3 以长格式列表显示"/"下的内容，结果如下所示，请解释 bin 目录的各列代表什么含义。

```
[root@ksu1 /]# ll
总用量 24
lrwxrwxrwx.   1 root root    7 12月  5 14:23 bin -> usr/bin
dr-xr-xr-x.   4 root root 4096 12月  5 14:33 boot
drwxr-xr-x.  20 root root 3300 12月  5 17:58 dev
drwxr-xr-x. 138 root root 8192 12月  6 11:27 etc
drwxr-xr-x.   3 root root   18 12月  5 14:32 home
...
```

2.4 修改/test/file.txt 文件的拥有者为 zhangyi，修改文件权限为 764。

2.5 赋予当前用户具有读写执行、组用户具有读写、其他用户具有读/test/file.txt 文件的权限。

2.6 当前/test/file.txt 文件的权限为 rw-r--r--，修改权限使用户具有读写执行、组用户具有读写、其他用户具有读的权限。

2.7 结合用户账号限制文件（/etc/login.defs），分析 zhangyi 用户的主目录具有的权限与创建普通目录权限为什么不同？

2.8 普通用户不能使用 shutdown、reboot、poweroff 等命令，修改文件的特殊权限，使普通用户可以操作这些命令。

2.9 查找根（/）目录下文件名前两位为字母、后两位为数字的文件，并删除。

2.10 vi 编辑器有哪几种工作模式？这几种工作模式之间如何切换？

2.11 解释下面每一条命令的含义。

（1）# cat /root/initial-setup-ks.cfg

（2）# wc   /root/initial-setup-ks.cfg

（3）# cat   file1   file2   >   file3

（4）# cat /etc/passwd | grep   root

（5）# rm   -rf   /test

（6）# cp /root/initial-setup-ks.cfg   /install.log

（7）# cut   -f 1   -d   : /etc/passwd

（8）# cut   -f 1,7   -d   : /etc/passwd   >> 1.txt

（9）# find   .   -type   d -exec chmod   755 {} \;

（10）# ln   -s   /test/f1   /test/f2

（11）# chmod   u=rwx, go=rw   /test/file1

（12）# chmod　u+s　　/sbin/reboot

2.12　文件的层次结构如图 2-5 所示，分别写出 file1、f1、index.html 文件及 html、pub 目录的绝对路径和相对路径（假设当前用户工作在 ftp 目录下）。

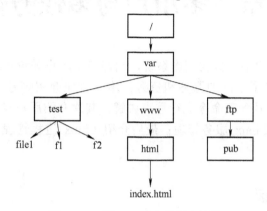

图 2-5　习题 2.12 的文件层次结构

第 3 章 多用户与多任务管理

Linux 是一个多用户多任务的操作系统，允许多个用户登录系统使用资源，系统的不同运行级别为用户提供了不同的服务和资源。本章首先介绍账号管理机制以及用户账号和组的管理，对用户账号管理命令进行重点讲解；其次介绍用户身份切换、Linux 系统的启动过程与 Systemd、Linux 服务管理；最后介绍 Linux 进程管理，给出常用的进程操作命令。

3.1 账号管理机制

3.1.1 账号管理概述

Linux 系统通过用户账号来区分不同的用户，账号实质上就是每个用户在系统上的标识。每次开机时，系统根据账号 ID 区分每个用户的文件、进程和任务，为用户提供特定的工作环境，使每个用户的操作都能不受干扰地运行。

每个文件都具有拥有者以及所属用户组的属性，也就是每个登录用户至少具有两个 ID，即用户 UID 和用户组 GID。以上两个 ID 都保存在用户账号的配置文件中。当显示文件属性时，系统会根据/etc/passwd 和/etc/group 的内容，找到 UID 及 GID 对应的账号和组名并显示出来。

3.1.2 用户账号和组

在 Linux 系统中，用户账号、密码、组账号和组密码存放在不同的配置文件中。账号管理涉及用户和组的配置文件，共有/etc/passwd、/etc/shadow、/etc/group、/etc/gshadow 四个文件。

1）/etc/passwd：用户账号配置文件，该文件主要存放用户账号信息。每一行代表一个账号，一行又被 ":" 分隔为若干字段用于定义用户账号的不同属性。所有用户都可以读取该文件，详细内容如下：

```
[root@ksu ~]# head -4 /etc/passwd
root:x:0:0:root:/root:/bin/bash
bin:x:1:1:bin:/bin:/sbin/nologin
daemon:x:2:2:daemon:/sbin:/sbin/nologin
adm:x:3:4:adm:/var/adm:/sbin/nologin
```

/etc/passwd 文件中各字段的含义见表 3-1。

表 3-1　/etc/passwd 文件中各字段的含义

字　段	说　明
用户账号	用户登录系统时使用的用户名
密码	此字段存放加密的密码，用 "x" 来占位，所有加密的密码以及与密码相关的设置都保存在/etc/shadow 中
UID	用户标识号。每个用户的 UID 是唯一的，root 用户的 UID 是 0，系统用户的 UID 取值范围是 1~999，普通用户的 UID 从 1000 开始
GID	组标识号。每个用户账号创建完毕之后都会生成一个主组，主组相同的账号其 GID 相同。默认情况下，每创建一个账号就会创建一个与账号同名的组，作为该账号的主组
用户信息说明	用来存放用户的全名等信息
主目录	存放用户的主目录，即用户登录系统后默认进入的目录
Shell	该用户使用的命令解释器类型，默认为/bin/bash

2）/etc/shadow：用户密码配置文件。任何用户都可以读取/etc/passwd 文件，为了安全起见，加密过的用户密码存放在/etc/shadow 中。只有 root 用户可以读取该文件，详细内容如下：

```
[root@ksu ~]# head -4 /etc/shadow
root:$6$Qax43ndFoY72idYF$H5lmHsgJ0TBo0mfT5OVcUXTkhSym5e5X6hV.lHctb6uRxTz7
Qmmyo7SIjXgKJ0lQ0AIx9/kIImAVAzP2wMNro1::0:99999:7:::
bin:*:16925:0:99999:7:::
daemon:*:16925:0:99999:7:::
adm:*:16925:0:99999:7:::
```

/etc/shadow 文件中各字段的含义见表 3-2。

表 3-2　/etc/shadow 文件中各字段的含义

字　段	说　明
用户名	用户的账号名称
密码	用户的密码，经过 SHA512 加密后的结果
最后一次修改的时间	从 1970 年 1 月 1 日起到用户最后一次更改密码的天数
最小时间间隔	从 1970 年 1 月 1 日起到用户可以更改密码的天数
最大时间间隔	从 1970 年 1 月 1 日起到用户必须更改密码的天数
警告时间	在用户密码过期之前多少天提醒用户更新
不活动时间	在用户密码过期之前到禁用账号的天数
失效时间	从 1970 年 1 月 1 日起到账号被禁用的天数
标志	保留位

3）/etc/group：用户组配置文件。当一个用户同时是多个组的成员时，在/etc/passwd 文件中记录的是用户所属的主组，也就是登录时所属的组，而其他组称为附加组。所有用户都可以读取该文件，详细内容如下：

```
[root@ksu ~]# head -4 /etc/group
root:x:0:
```

```
bin:x:1:
daemon:x:2:
sys:x:3:
```

与/etc/passwd 文件类似,其中每一行记录了一个组的信息。每行包括四个字段,不同的字段之间用冒号隔开。/etc/group 文件中各字段的含义见表 3-3。

表 3-3 /etc/group 文件中各字段的含义

字　　段	说　　明
组名	该组的名称
组密码	由于安全原因,采用"x"来占位,组密码存放在/etc/gshadow 文件中
GID	组标识号,和 UID 类似,每个组都有自己独有的标识号,不同组的 GID 不相同
组成员	属于这个组的成员,多个成员之间用","分隔

4)/etc/gshadow:用户组的密码文件。用于定义用户组密码、组管理员等信息。只有 root 用户可以读取该文件,详细内容如下:

```
[root@ksu ~]# head -4 /etc/group
root:x:0:
bin:x:1:
daemon:x:2:
sys:x:3:
```

与/etc/group 文件类似,其中的每一行记录了一个组的信息。每行包括四个字段,字段之间用冒号隔开。/etc/gshadow 文件中各字段的含义见表 3-4。

表 3-4 /etc/gshadow 文件中各字段的含义

字　　段	说　　明
组名	组名称,该字段与 group 文件中的组名称对应
组密码	该字段用于保存已加密的密码
组的管理员账号	组的管理员账号,管理员可以对组添加和删除账号
组成员	属于该组的用户成员列表,列表中多个用户间用","分隔

3.1.3　用户类型

Linux 用户类型分为三种:超级用户、系统用户和普通用户。详细说明如下:

1)超级用户:用户名为 root 或 UID 为 0 的账号,具有所有权限,可以使用系统中的所有资源。root 用户可以进行基本的命令操作以及特殊的系统管理,另外还可以进行网络管理,以及修改系统中的任何文件。日常工作中应避免使用此类账号,错误的操作可能带来不可估量的损失,只有必要时才使用 root 用户。

2)系统用户:系统正常运行所使用的账号。系统中的进程都有一个属主,比如某个进程以何种身份运行,这些身份在系统里就对应相应的账号。注意,系统账号不能用来登录系统,其 Shell 一般为/sbin/nologin,如 bin、daemon、mail 等。

3)普通用户:即普通使用者,能使用 Linux 的大部分资源,一些特定的权限受到控制，如 zhangyi、zhanger、zhangsan 等。

3.2　Linux 用户账号及密码管理

3.2.1　用户账号管理

1．useradd 命令

使用 useradd 命令可创建新用户，其命令语法如下：

```
useradd [参数] 用户名
```

该命令支持的参数较多，常用的参数含义如下：

- -c　注释：用于设置账号的注释说明。
- -d　主目录：指定用户登录时的起始目录。
- -g　用户组：指定将该用户加入到哪一个用户组中，该用户组在指定时必须已存在。
- -s　Shell：指定用户登录时所使用的 Shell，默认为/bin/bash。
- -r　UID：创建一个 UID 小于 1000 的系统账号，默认不创建对应的主目录。
- -u　UID：手工指定新用户的 UID，该值必须唯一且大于 1000。

例 3.1　使用 useradd 命令创建用户。

```
[root@ksu ~]# useradd  zhangyi
[root@ksu ~]# tail  -1  /etc/passwd
zhangyi:x:1001:1001::/home/zhangyi:/bin/bash
#创建 zhanger 用户，并作为 student 用户组的成员
[root@ksu ~]# groupadd  student              #创建 student 组
[root@ksu ~]# useradd -g student zhanger     #创建 zhanger 用户，并添加到
student 组
[root@ksu ~]# tail  -2  /etc/passwd
zhangyi:x:1001:1001::/home/zhangyi:/bin/bash
zhanger:x:1002:1003::/home/zhanger:/bin/bash
[root@ksu ~]# tail  -2  /etc/group
zhangyi:x:1001:
student:x:1003:
```

创建用户账号时，若未用-g 参数指定用户组，那么系统会默认创建一个与用户账号同名的私有用户组。若采用-g 参数指定用户组，那么指定的用户组事先要存在。

创建用户账号时，系统会自动创建该账号的主目录，默认存放在/home 目录下，若要改变位置，可利用-d 参数指定；对于用户所使用的 Shell，默认为/bin/bash，若要更改，使用-s 参数指定。

例 3.2　创建 zhangsan 用户，主目录存放在/var 下，并指定登录的 Shell 为/sbin/nologin。

```
[root@ksu ~]# useradd -d /var/zhangsan -s /sbin/nologin zhangsan
[root@ksu ~]# tail -1 /etc/passwd
zhangsan:x:1003:1004::/var/zhangsan:/sbin/nologin
```

```
[root@ksu ~]# tail -1 /etc/group
zhangsan:x:1004:
```

对于新创建的用户，在没有设置密码的情况下，用户密码处于锁定状态，此时用户账号将无法登录系统。在创建新用户时，对于没有指定的属性，其默认参数配置位于/etc/default/useradd 文件中。

2. usermod 命令

对于已创建好的账号，要修改账号的属性，包括用户名称、主目录、用户组、Shell 等，可以使用 usermod 命令实现。命令语法为：

```
usermod  [参数]  用户名
```

大部分参数与 useradd 命令所使用的参数相同，对应的功能也一样，下面列出该命令新增的几个参数。

（1）改变用户账号名称

若要改变用户名，可以使用-l（L 的小写）参数来实现。命令语法为：

```
usermod -l 新用户名 原用户名
```

例 3.3 将用户账号 liuchen 更名为 liuyichen。

```
[root@ksu ~]# useradd liuchen
[root@ksu ~]# usermod -l liuyichen liuchen
[root@ksu ~]# tail -1 /etc/passwd
liuyichen:x:1004:1005::/home/liuchen:/bin/bash
```

可以看出，用户名已更改为了 liuyichen，但是主目录仍为原来的/home/liuchen。若要将其更改为/home/liuyichen，可通过执行以下命令来实现。

```
[root@ksu ~]# mv /home/liuchen /home/liuyichen
[root@ksu ~]# usermod -d /home/liuyichen liuyichen
[root@ksu ~]# groups liuyichen
liuyichen : liuchen
```

但是 liuyichen 用户仍属于 liuchen 组，这说明 liuyichen 所属的私有组名称没有改变。若要将其更改为 liuyichen 组，可通过执行以下命令实现。

```
[root@ksu ~]# groupmod -n liuyichen liuchen
[root@ksu ~]# groups liuyichen
liuyichen : liuyichen
```

（2）锁定用户账号

若要临时禁止用户登录，可将该用户账号锁定。锁定账号可利用"-L"参数来实现，命令语法为：

```
usermod -L 要锁定的账号
```

例如，若要锁定 liuyichen 账号，操作命令为：

```
# usermod -L liuyichen
```

Linux 锁定用户账号时，在密码文件/etc/shadow 的密码字段前显示"！"来标识该用户已被锁定。

（3）解锁账号

要解锁账号，可使用带-U 参数的 usermod 命令来实现。命令语法为：

```
usermod -U 要解锁的账号
```

例如，要解锁 liuyichen 账号，操作命令为# usermod　-U　liuyichen。

3．删除账号

要删除账号，可使用 userdel 命令来实现。其命令语法为：

```
userdel [-r] 账号名
```

-r 为可选项，若带上该参数，则在删除用户账号的同时删除该账号对应的主目录。例如，若要删除 liuyichen 账号，操作命令为# userdel　-r　liuyichen。

3.2.2　用户密码管理

1．设置用户密码

用户账号必须在设置密码后才能登录系统。使用 passwd 命令设置账号密码，用法为：

```
passwd [账号名]
```

若指定了账号名，则需要设置指定账号的登录密码，原密码自动被覆盖。如果使用不带账号的 passwd 命令，则表示设置用户自身的密码。只有 root 用户才有权限设置指定账号的密码，一般用户只能设置或修改自己账号的密码。

例如，若要设置 liuyichen 账号的登录密码，操作命令为：

```
[root@ksu ~]# passwd liuyichen
更改用户 liuyichen 的密码。
新的密码:
无效的密码: 过于简单化/系统化。
无效的密码: 过于简单。
重新输入新的密码:
passwd: 所有的身份验证令牌已经成功更新。
密码设置成功后，该账号就可以登录系统了。
```

2．锁定用户密码

在 Linux 系统中，除用户账号可以被锁定外，用户密码也可以被锁定，任何一方被锁定，都将导致该账号无法登录系统。只有 root 用户才有权限执行该命令。锁定用户密码时使用带-l 参数的 passwd 命令，用法为：

```
passwd -l 账号名
```

例如，若要锁定 liuyichen 账号的密码，操作命令为：

```
# passwd -l liuyichen
```

3．查询密码状态

要查询当前账号的密码是否被锁定，可使用带-S 参数的 passwd 命令来实现，用法为：

```
passwd -S 账号名
```

若账号的密码已锁定，则显示输出为 liuyichen LK 2019-08-29 0 99999 7 -1（密码已被

锁定）；若未锁定，则显示输出为 liuyichen PS 2019-08-29 0 99999 7 -1（密码已设置，使用
SHA512 算法）。

4．解锁用户密码

用户密码被锁定后，若要解锁，可使用带-u 参数的 passwd 命令。该命令只有 root 用户
才有权限执行，用法为：

```
passwd -u 账号名
```

例如，若解锁 liuyichen 账号的密码，操作命令为：

```
# passwd -u liuyichen
```

5．删除用户密码

若要删除账号的密码，可使用带-d 参数的 passwd 命令来实现。该命令只有 root 用户才
有权限执行，用法为：

```
passwd -d 用户名
```

用户密码被删除后，将不能登录系统，除非重新设置密码。

3.3 用户组管理

用户组是用户的集合，通常将用户进行分类归组，便于进行访问控制。用户与用户组属于
多对多的关系，一个用户可以同时属于多个用户组，一个用户组可以包含多个不同的用户。

1．创建用户组

使用 groupadd 命令创建用户组，命令语法为：

```
groupadd [-r] 用户组名称
```

如果带有-r 参数，则创建系统用户组，该类用户组的 GID 值小于 1000；如果不带-r 参
数，则创建普通用户组，其 GID 值大于或等于 1000。前面创建的 student 用户组是第一个
创建的普通用户组，其 GID 值为 1000。

若要创建一个名为 sysgroup 的系统用户组，操作命令为：

```
[root@ksu ~]# groupadd -r sysgroup
[root@ksu ~]# tail -1 /etc/group
sysgroup:x:986:
```

2．修改用户组属性

用户组创建后，可根据需要修改用户组的属性。对用户组属性的修改，主要是修改用
户组的名称和用户组的 GID 值。

（1）修改用户组名称

若要对用户组进行重命名，可使用带-n 参数的 groupmod 命令来实现，其用法为：

```
groupadd -n 新用户组名称 原用户组名
```

例如，将 sysgroup 用户组修改为 teacher 组。

```
[root@ksu ~]# groupmod -n teacher sysgroup
```

```
[root@ksu ~]# tail -1 /etc/group
teacher:x:986:
```

（2）重设用户组的 GID

用户组的 GID 值可以修改，但不能与已有的 GID 值重复。对 GID 进行修改，不会改变用户组的名称。要修改用户组的 GID，可以使用带-g 参数的 groupmod 命令，其用法为：

```
groupmod -g 新GID 用户组名称
```

例如，要将 teacher 组的 GID 修改为 910，操作命令为：

```
[root@ksu ~]# groupmod -g 910 teacher
[root@ksu ~]# tail -1 /etc/group
teacher:x:910:
```

3．删除用户组

删除用户组可以使用 groupdel 命令，其用法为：

```
groupdel 用户组名
```

例如，若要删除 teacher 用户组，则操作命令为：

```
# groupdel teacher
```

在删除用户组时，被删除的用户组不能是某个账号的私有组，否则将无法删除。若要删除，则应删除该私有组的用户账号，然后删除用户组。应用示例如下：

```
[root@ksu ~]# groupadd student
[root@ksu ~]# useradd -g student zhangbo
[root@ksu ~]# groupdel student
groupdel: 不能移除用户“zhangbo”的主组。
[root@ksu ~]# userdel -r zhangbo
[root@ksu ~]# groupdel student
```

在该例中，通过清空用户组中的成员来删除用户组，对用户管理来说破坏性很大，在实际应用中可能会引发新的问题。根据提示信息，student 用户组不能删除，是因为"zhangbo"的主组为 student，那么可以创建"zhangbo"同名的私有组，将该私有组设置为"zhangbo"用户的主组，之后就可以删除 student 用户组了。实现过程如下：

```
[root@ksu ~]# groupadd student
[root@ksu ~]# useradd -g student zhangbo
[root@ksu ~]# groupdel student
groupdel: 不能移除用户“zhangbo”的主组。
[root@ksu ~]# groupadd zhangbo
[root@ksu ~]# usermod -g zhangbo zhangbo
[root@ksu ~]# groups zhangbo
zhangbo : zhangbo
[root@ksu ~]# groupdel student
```

4．添加用户到指定的组

将用户添加到指定的组，使其成为该组的成员，实现命令为：

```
gpasswd -a  用户账号  用户组名
```

例如，创建一个名为 ftpuser 的用户组，然后将 wangjie 添加到用户组。

```
[root@ksu ~]# groupadd ftpuser
[root@ksu ~]# useradd wangjie
[root@ksu ~]# gpasswd -a wangjie ftpuser
```

正在将用户"wangjie"加入"ftpuser"组中。

5．从指定的组中移除某用户

若要从用户组中移除某用户，实现命令为：

```
gpasswd -d  用户账号  用户组名
```

例如，将 wangjie 从 ftpuser 组中移除。

```
[root@ksu ~]# groups wangjie                    #查看wangjie所属的用户组
wangjie : wangjie ftpuser
[root@ksu ~]# gpasswd -d wangjie ftpuser
```

正在将用户"wangjie"从"ftpuser"组中删除。

```
[root@ksu ~]# groups wangjie
wangjie : wangjie
```

6．设置用户组的管理员

添加用户到组和从组中移除某用户，除了 root 用户可以执行该操作外，用户组管理员也可以执行该操作。要将某用户指派为某个用户组的管理员，可使用带"-A"参数的 passwd 命令实现，其命令用法为：

```
gpasswd -A  用户账号  要管理的用户组
```

将用户设置为指定用户组的管理员，管理员只能对授权的用户组进行用户管理，如添加用户到组或从组中删除用户，但是无权对其他用户组进行操作。

例如，若要设置 wangjie 为 ftpuser 用户组的管理员，操作命令如下：

```
[root@ksu ~]# gpasswd -A wangjie ftpuser
```

之后，wangjie 用户就可以对 ftpuser 用户组进行管理，但无权对其他用户组进行管理，操作示例如下：

```
[wangjie@ksu ~]$ gpasswd -a zhangyi ftpuser
```

正在将用户"zhangyi"加入"ftpuser"组中。

```
[wangjie@ksu ~]$ gpasswd -a zhanger student
```

gpasswd：没有权限。

```
[wangjie@ksu ~]$ gpasswd -d zhangyi ftpuser
```

正在将用户"zhangyi"从"ftpuser"组中删除。

若要将 ftpuser 用户组的 wangjie 管理员取消，可以采用以下命令：

```
[root@ksu ~]# gpasswd -A "" ftpuser
[wangjie@ksu ~]$ gpasswd -a zhangyi ftpuser
```

gpasswd：没有权限。

3.4　用户身份切换

前面在讲解 su 命令时提到，普通用户切换到 root 用户会提示输入 root 用户的密码。如果每个用户都以 root 身份进行日常管理，这就会给系统造成极大的安全隐患。正常情况下，以普通用户身份登录系统，只有在进行系统维护和软件更新等操作时才会切换到 root。sudo 很好地解决了这个问题，通过 sudo 命令，可以允许普通用户以特定的方式使用 root 才能运行的命令或程序。

sudo 允许普通用户在不知道 root 密码的情况下获得特殊权限。首先，超级用户将普通用户的名字、以何种身份执行何种命令等信息记录在/etc/sudoers 文件中；然后，当用户执行 sudo 时，系统在/etc/sudoers 文件中查找该用户是否具有执行 sudo 的权限。sudo 命令的语法格式如下：

```
sudo [参数] 命令或文件
```

sudo 常用参数说明见表 3-5。

表 3-5　sudo 常用参数说明

参　　数	说　　明
-V	显示版本信息并退出
-l	L 的小写，显示当前用户（执行 sudo 的使用者）的权限
-b	强制在后台执行
-s	执行指定的 Shell
-u	以指定的用户作为新的身份。若不加此参数，默认以 root 身份操作

例 3.4　将所有需要使用 sudo 的普通用户添加到 wheel 组中。

```
[root@ksu ~]# usermod -aG wheel zhangyi    #将 zhangyi 添加到 wheel 附加组
[root@ksu ~]# usermod -aG wheel zhanger    #将 zhanger 添加到 wheel 附加组
[root@ksu ~]# vi /etc/sudoers    #配置/etc/sudoers 组可以执行 sudo 命令
%wheel    ALL=(ALL)    ALL    #修改第 99 行，删除该行的#注释，然后保存退出
```

加入 wheel 组的用户 zhangyi、zhanger，就可以使用 sudo 切换身份来操作任何命令了。

例 3.5　修改配置文件，使 zhangyi 用户可以查看/etc/shadow、/etc/gshadow 等文件。

```
[root@ksu ~]#vi /etc/sudoers
```

在第 99 行添加：zhangyi ALL=(ALL)   ALL

```
[zhangyi@ksu ~]$ sudo cat /etc/shadow
```

例 3.6　修改配置文件，使 zhanger 用户能执行 root 用户可以使用 useradd 和 userdel 命令。

```
[root@ksu ~]#vi /etc/sudoers
```

在第 100 行添加：zhanger ALL=(ALL)   /usr/sbin/useradd,/usr/sbin/userdel

```
[zhanger@ksu ~]$ sudo useradd zhanger1
```

```
[zhanger@ksu ~]$ sudo userdel -r zhanger1
```

3.5 Linux 系统启动过程与 Systemd

3.5.1 Linux 启动过程详解

系统的引导和初始化是操作系统控制的第一步，了解 Linux 系统的启动和初始化过程，对于网络管理员来说具有重要意义。Linux 系统的初始化包括内核初始化和 Systemd 程序两部分。内核初始化部分主要完成对于系统硬件的检测和初始化工作，Systemd 程序主要完成系统的各项配置。

RHEL 7.4 系统的启动过程如下：

1）主机加电并进入 BIOS 进行硬件自检，即所谓的 POST（Power On Self Test），然后根据 BIOS 的设置顺序从硬盘或 CD-ROM 中读入"引导块"。通常情况下，Linux 从硬盘进行引导，读取主引导记录（Master Boot Record，MBR）中的启动引导器（GRUB），为用户提供要启动的操作系统列表。

2）用户选择要启动的操作系统后，启动引导器从内核分区（/boot）中读出内核程序（initramfs-3.10.0-693.el7.x86_64.img 和 vmlinuz-3.10.0-693.el7.x86_64），然后由内核程序负责初始化硬件和设备驱动程序。

3）内核启动 initramfs 的 systemd 进程，进一步执行某个特定运行级别的程序。

4）systemd 启动默认目标 default.target 对应的运行级别，启动相应的服务和用户控件，挂载文件系统，启动 Linux 系统登录界面。

- 若默认目标为 multi-user.target，则启动字符登录界面。
- 若默认目标为 graphical.target，则启动图形桌面登录界面。

3.5.2 Systemd 特性及组件

1. Systemd 简介

Linux 系统一直以来采用 init 进程，但是 init 进程存在两个缺点。第一：启动时间长，init 进程是串行启动的，只有前一个进程启动完，才会启动下一个进程；第二：启动脚本复杂，init 进程只是执行启动脚本，脚本需要处理各种情况，这使得脚本执行时间长而且复杂。Linux 系统启动所采用的 init 版本包括如下三种：

1）SysVinit：启动速度最慢，采用串行启动过程，无论进程相互之间有无依赖关系。

2）Upstart：启动速度相对较快。存在依赖关系的进程之间依次启动，而其他与之没有依赖关系的进程则并行启动。

3）Systemd：进程无论有无依赖关系都并行启动（当然存在进程没有真正启动，而只有一个信号或者标记而已，在真正利用的时候才会启动）。

Systemd 是 Linux 系统的引导器和服务管理器，已经取代了传统的 SysVinit。SysVinit 使用基于运行级别的 init 启动脚本来完成系统的引导过程。引导过程中的 inittab 系统初始化文件按照顺序依次执行，由于难以并发执行等原因导致系统启动过程效率低下。而 Systemd 是采用 C 语言编写经过编译的二进制程序，并提供优秀的框架，用于提供系统服务间的依赖关系，实现系统初始化以及众多服务的并行启动和执行，大大加快了系统的启动过程。

2．Systemd 特点

Systemd 特点表现如下：

- 启动速度快，基于 Socket 通信，解决了各种服务间的依赖关系，实现了服务的并发启动。
- 提供了服务按需启动的功能，使得服务只有在被真正请求的时候才被启动。
- 提供了基于依赖关系的服务控制逻辑，即启动一个单元之前先启动其依赖的单元。
- 支持已启动的服务监控，同时支持重启已崩溃的服务。
- 支持系统状态快照和恢复。
- 向下兼容 SysVinit 脚本。

3．Systemd 的组件

Systemd 的组件如下：

守护进程 systemd 负责管理 Linux 系统和服务。命令行工具 systemctl 主要负责控制 Systemd 系统和管理系统服务。

Systemd 使用内核的 cgroups 子系统跟踪系统进程，并提供 systemd-cgls 和 system-cgtop 来显示 cgroup 资源信息。

由 Systemd 启动的 systemd-analyze 用于分析系统启动性能并检索其他状态和跟踪信息。

由 Systemd 启动的 systemd-logind 守护进程负责管理用户登录。

由 Systemd 启动的 systemd-journald 守护进程负责记录事件的二进制日志。

4．Systemd 基本工具

（1）启动过程性能分析

systemd-analyze 用于标识和定位引导相关的问题或性能影响，可以用来检测系统的引导过程，找出在启动过程中出错的单元，然后跟踪并改正引导组件的问题。表 3-6 列出了 systemd-analyze 命令的说明。

表 3-6　systemd-analyze 命令的说明

命　　令	说　　明
systemd-analyze time	显示内核和普通用户控件启动时所花的时间
systemd-analyze blame	列出所有正在运行的单元，按从初始化开始到当前所使用的时间排序
systemd-analyze verify	显示在所有系统单元中是否有语法错误
systemd-analyze plot > boot.svg	将整个引导过程写入一个 SVG 格式文件

（2）查看单元的资源使用情况

Systemd 使用内核的 cgroup 子系统跟踪系统中的进程，表 3-7 列出了 systemd-cgls 和

systemd-cgtop 命令的使用说明。

表 3-7　systemd-cgls 和 systemd-cgtop 命令的使用情况

命　　令	说　　明
systemd-cgls	以递归形式显示 Systemd 利用的 cgroup 结构层次
systemd-cgtop	显示每个 cgroup 中的 systemd 单元的资源使用情况（包括 CPU、内存、I/O 等）

（3）分析系统状态

systemctl 用于监视和控制 Systemd 程序，可以查看系统状态以及管理系统和服务。表 3-8 列出了 systemctl 工具的常用命令。

表 3-8　systemctl 工具的常用命令

命　　令	说　　明
systemctl	查看所有的系统服务
systemctl　list-units	查看所有启动的 unit 单元
systemctl　--failed	输出运行失败的单元
systemctl　list-unit-files	查看所有启动的单元文件
systemctl　is-active name.service	查看某服务当前激活与否的状态，如果启动会显示 active，否则显示 unknown

（4）电源管理

采用 systemctl 对电源进行管理，表 3-9 列出了电源管理的常用命令。

表 3-9　电源管理的常用命令

命　　令	说　　明
systemctl　reboot	重启系统
systemctl　poweroff	退出系统并关闭电源
systemctl　suspend	挂起
systemctl　hibernate	休眠
systemctl　hybrid-sleep	休眠并挂起模式

3.5.3　Linux 运行级别及目标管理

1．Linux 运行级别

Systemd 使用目标取代了运行级别的概念，同时向下兼容 SysVinit 系统。表 3-10 列出了 Systemd 的目标与 SysVinit 的运行级别。

表 3-10　Systemd 的目标与 SysVinit 的运行级别

运 行 级 别	Systemd 的目标	SysVinit 的运行级别	说　　明
0	poweroff	halt	关机并断电
1	rescue.target	single user mode	救援模式
2	multi-user.target	multiuser、without NFS	非图形界面多用户模式
3	multi-user.target	full multiuser mode	非图形界面多用户模式

（续）

运 行 级 别	Systemd 的目标	SysVinit 的运行级别	说　明
4	multi-user.target	unused	非图形界面多用户模式
5	graphical.target	X11	图形界面多用户模式
6	reboot	reboot	重启系统

systemd 为了模拟 SysVinit 的运行级别，将 runlevel[0..6].target 链接到了相应的目标文件上。

```
[root@ksu ~]# ll /usr/lib/systemd/system/runlevel?.target
lrwxrwxrwx. 1 root root 15 11月  5 20:57 /usr/lib/systemd/system/
runlevel0.target -> poweroff.target
lrwxrwxrwx. 1 root root 13 11月  5 20:57 /usr/lib/systemd/system/
runlevel1.target -> rescue.target
lrwxrwxrwx. 1 root root 17 11月  5 20:57 /usr/lib/systemd/system/
runlevel2.target -> multi-user.target
lrwxrwxrwx. 1 root root 17 11月  5 20:57 /usr/lib/systemd/system/
runlevel3.target -> multi-user.target
lrwxrwxrwx. 1 root root 17 11月  5 20:57 /usr/lib/systemd/system/
runlevel4.target -> multi-user.target
lrwxrwxrwx. 1 root root 16 11月  5 20:57 /usr/lib/systemd/system/
runlevel5.target -> graphical.target
lrwxrwxrwx. 1 root root 13 11月  5 20:57 /usr/lib/systemd/system/
runlevel6.target -> reboot.targe
```

2. 目标管理

Systemd 在启动时会执行/usr/lib/systemd/system/default.target 目标及其依赖的所有单元。表 3-11 列出了使用 systemctl 管理目标的常用命令。

表 3-11　使用 systemctl 管理目标的常用命令

命　　令	说　　明
systemctl get-default	显示默认的目标
systemctl set-default <TargetName>.target	设置默认的目标（系统重启后生效）
systemctl isolate <TargetName>.target	更改当前的目标（立即生效）

使用 isolate（隔离）子命令可以在当前运行环境下切换到其他目标，隔离某个目标会停止该目标（及其依赖单元）不需要的单元模块并激活尚未启动的单元。

例 3.7　利用 systemctl 命令管理目标。

（1）systemctl 管理目标临时切换

```
[root@ksu ~]# systemctl get-default          #查看系统默认的目标
graphical.target
[root@ksu ~]# ll /etc/systemd/system/default.target
lrwxrwxrwx. 1 root root 40 10月  8 21:54 /etc/systemd/system/default.
target -> /usr/lib/systemd/system/graphical.target
```

```
[root@ksu ~]# systemctl isolate multi-user.target    #设置系统为多用户模式，并
立即生效
[root@ksu ~]# ll /etc/systemd/system/default.target
lrwxrwxrwx. 1 root root 40 10月  8 21:54 /etc/systemd/system/default.
target -> /usr/lib/systemd/system/graphical.target
[root@ksu ~]# systemctl get-default
graphical.target
```

（2）systemctl 管理目标切换在系统重启之后生效

```
[root@ksu ~]# systemctl set-default multi-user.target
#将目标切换到非图形界面多用户模式
[root@ksu ~]# systemctl reboot                        #重启系统
[root@ksu ~]# systemctl get-default
multi-user.target
[root@ksu ~]# systemctl set-default graphical.target    #切换到图形界面多用
户模式
[root@ksu ~]# systemctl reboot                        #重启系统
```

对于字符界面的启动，应该使用 set-default 子命令将 default.target 链接到 muiti-user.target 目标上；对于图形界面的启动，应将 default.target 链接到 graphical.target 目标上。

3.6 Linux 服务管理

3.6.1 守护进程与初始化系统

Linux 服务器为本地及远程用户提供各种服务，这些服务在 Linux 系统中以守护进程的形式存在，系统通过管理守护进程来管理对应的服务。正常运行的 Linux 系统一般会有多个守护进程运行，这些后台守护进程在系统开机后就运行了，并时刻监听前台用户的服务请求，一旦用户发出了服务请求，守护进程就为它们提供服务。按照服务类型，守护进程可以分为以下两类：

系统守护进程：如 systemd、login、cups、syslogd 等。

网络守护进程：如 httpd、vsftpd、named、postfix 等。

系统初始化进程是系统中第一个特殊的守护进程，其 PID 为 1，是其他所有进程的父进程，即系统上所有的守护进程都是由系统初始化进程进行管理的。在 Linux 系统的发展历程中，使用过三种初始化系统。

1）SysVinit：这种传统的初始化系统最初是为 UNIX System V 系统创建的，提供了一种易于理解的基于运行级别的方式来启动和停止服务。RHEL 5 和 CentOS 5 及其之前的版本一直使用 SysVinit。

2）Upstart：最初是为 Ubuntu 创建的，随后在 Debian、RHEL、CentOS、Fedora 中使用。Upstart 改进了服务之间的依赖关系，大大提高了系统的启动时间。RHEL 6 和 CentOS 6 使用 Upstart。

3）Systemd：是一种由 freedesktop.org 创建的先进的初始化系统，不仅提供启动和停止功能，还提供了管理套接字（Socket）、设备（Devices）、挂载点（Mount Poins）、交换区（Swap Areas）以及其他类型的系统单元。

现在大多数 Linux 发行版本都采用 Systemd 系统。RHEL 7 和 CentOS 7 使用 Systemd。

3.6.2　使用 systemctl 管理服务

1. 显示、启动、停止和重启服务

Systemd 的主要命令行工具是 systemctl，可以使用 systemctl 对服务进行管理。表 3-12 列出了管理指定服务使用的 systemctl 命令。

表 3-12　管理指定服务使用的 systemctl 命令

命　令	说　明
systemctl　status　<ServiceName>.service	查看 ServiceName 服务的状态及日志信息
systemctl　start　<ServiceName>.service	启动 ServiceName 服务
systemctl　stop　<ServiceName>.service	停止 ServiceName 服务
systemctl　restart　<ServiceName>.service	重启 ServiceName 服务
Systemctl　try-restart　<ServiceName>.service	当 ServiceName 服务正在运行时重启该服务
systemctl　reload　<ServiceName>.service	重新加载 ServiceName 服务的配置文件
Systemctl　is-active　<ServiceName>.service	查看 ServiceName 服务是否正在运行
systemctl --type service 或 systemctl -t service	显示当前已运行的所有服务
systemctl --type service --all 或 systemctl –at service	显示所有服务
systemctl --type service --failed 或 systemctl –tservice --failed	显示已加载但处于 failed 状态的服务

例 3.8　使用 systemctl 命令管理 sshd 服务。

```
[root@ksu ~]# systemctl status sshd.service          #查看 sshd 服务的状态
sshd.service - OpenSSH server daemon
   Loaded: loaded (/usr/lib/systemd/system/sshd.service; enabled; vendor
preset: enabled)
   Active: inactive (dead) since 三 2019-10-09 20:59:05 CST; 19min ago
   Docs: man:sshd(8)
         man:sshd_config(5)
  Process: 6599 ExecStart=/usr/sbin/sshd -D $OPTIONS (code=exited,
status=0/SUCCESS)
  Main PID: 6599 (code=exited, status=0/SUCCESS)
10 月 09 20:58:43 ksu.localdomain systemd[1]: Starting OpenSSH server
daemon...
10 月 09 20:58:43 ksu.localdomain sshd[6599]: Server listening on 0.0.0.0
port 22.
[root@ksu ~]# systemctl stop sshd.service            #关闭 sshd 服务
[root@ksu ~]# systemctl start sshd.service           #启动 sshd 服务
```

```
[root@ksu ~]# systemctl restart sshd.service          #重启 sshd 服务
[root@ksu ~]# systemctl -t service                    #显示当前已运行的服务
 UNIT                          LOAD    ACTIVE SUB          DESCRIPTION
 abrt-ccpp.service             loaded active exited  Install ABRT coredump
hook
 abrt-oops.service            loaded active running ABRT kernel log watcher
 abrt-xorg.service            loaded active running ABRT Xorg log watcher
 abrtd.service           loaded active running ABRT Automated Bug Reporting
To
 accounts-daemon.service       loaded active running Accounts Service
[root@ksu ~]# systemctl -at service                   #显示所有服务
 UNIT                    LOAD      ACTIVE       SUB        DESCRIPTION
 abrt-ccpp.service    loaded    active    exited  Install ABRT coredump hook
 abrt-oops.service    loaded    active    running ABRT kernel log watcher
 abrt-vmcore.service loaded    inactive dead     Harvest vmcores for ABRT
 abrt-xorg.service    loaded    active    running ABRT Xorg log watcher
 abrtd.service        loaded    active    running ABRT Automated Bug Reportin
 accounts-daemon.service       loaded    active    running Accounts Service
 alsa-restore.service loaded    inactive dead      Save/Restore Sound Card
Sta
 alsa-state.service    loaded    active    running Manage Sound Card State
[root@ksu ~]# systemctl -t service --failed           #显示处于失败状态的服务
 UNIT           LOAD  ACTIVE SUB   DESCRIPTION
● kdump.service loaded failed failed Crash recovery kernel arming
```

2. 服务的持久化管理

持久化管理就是管理某项服务是否在每次启动系统时启动，可以使用表 3-13 列出的
systemctl 命令进行服务的持久化管理。

表 3-13　实现服务持久化管理使用的 systemctl 命令

命　　令	说　　明
systemctl enable　<ServiceName>.service	在启动系统时启用 ServiceName 服务
systemctl disable　<ServiceName>.service	在启动系统时停止 ServiceName 服务
systemctl is-enable　<ServiceName>.service	查看 ServiceName 服务是否在启动系统时启用
systemctl list-unit-files　--type service 或 systemctl list-unit-files –t service	查看所有服务是否在启动系统时启用

例 3.9　使用 systemctl 命令管理 sshd 服务的持久化。

```
[root@ksu ~]# systemctl is-enabled sshd.service    #查看 sshd 服务是否在启动系
统时启用
 enabled
[root@ksu ~]# systemctl disable sshd.service       #在启动系统时停用 sshd 服务
 Removed symlink /etc/systemd/system/multi-user.target.wants/sshd.service.
```

```
[root@ksu ~]# systemctl start sshd.service          #启动 sshd 服务
[root@ksu ~]# systemctl enable sshd.service         #在启动系统时启用 sshd 服务
Created symlink from /etc/systemd/system/multi-user.target.wants/sshd.
service to /usr/lib/systemd/system/sshd.service.
[root@ksu ~]# systemctl list-unit-files             #列出所有的 unit 文件
[root@ksu ~]# systemctl list-unit-files -t service #查看所有服务是否在启动系统
时的状态
UNIT FILE                             STATE
abrt-ccpp.service                     enabled
abrt-oops.service                     enabled
abrt-pstoreoops.service               disabled
abrt-vmcore.service                   enabled
abrt-xorg.service                     enabled
alsa-restore.service                  static
alsa-state.service                    static
```

3.7　Linux 的进程管理

3.7.1　进程概述

1．进程的概念

Linux 是一个多任务的操作系统，即同一时间允许多个应用程序在系统中运行。应用程序在系统中以进程的形式存在，系统通过对这些进程进行调度和管理，进而实现对应用程序的操作和控制。

进程是一个程序在某个数据集上的一次执行过程，是一个动态的概念。通过创建进程可以使多个程序并发执行，从而提高系统的资源利用率和吞吐量。为了区分 Linux 系统中的多个进程，每一个进程都有一个识别号，即 PID（Process ID）。系统的初始化进程是 systemd，其 PID 为 1。systemd 是唯一一个由系统内核直接运行的进程，新的进程可以通过系统调用 fork 函数来产生。

当系统启动以后，systemd 进程会创建 login 进程等待用户登录系统，login 进程是 systemd 进程的子进程。当用户登录系统后，login 进程就会为用户启动 Shell 进程，Shell 进程是 login 进程的子进程，此后用户运行的进程都是由 Shell 进程衍生而来的。

2．进程类型

可以将运行在 Linux 系统中的进程分为三种不同类型，如下：

- 交互进程：一个由 Shell 启动的进程。交互进程既可以在前台运行，也可以在后台运行。
- 批处理进程：提交到等待队列中顺序执行的进程，是一个进程序列，这种进程与终端没有关联。

- 守护进程：在 Linux 系统启动时启动的进程，并在后台运行。

3．进程的启动

用户通过程序名来执行程序，此时也就启动了一个进程。每个进程都有一个进程号，用于系统识别和调度进程。启动进程主要有两种途径：手动启动和调度启动。

（1）手动启动

用户在 Shell 命令行下输入命令来启动一个进程，即手动启动进程。其启动方式分为前台启动和后台启动。

前台启动：用户输入一个命令后按 Enter 键执行，是进程默认的启动方式，如 ls-l，find /-name root 等。

后台启动：在输入命令后加上&命令，用于启动一些较少使用、比较耗时且用户不着急得到结果的进程，如 ls-l &，find /-name root &等。

（2）调度启动

调度启动是指设置好在某个时间要运行的程序，当到了预设的时间后，由系统自动启动。对于一些比较费时且占用较多资源的操作，为了不影响系统正常的运行，可以安排在深夜或者操作较少的时段。此时，采用系统调度启动要运行的程序，并设置好任务运行的时间，到时间系统会自动完成指定的操作，可以使用 at 或 crontab 命令来实现。

（1）at 命令

at 命令用于指定系统在将来的某个时间执行命令，其语法格式如下：

```
# at   time
commandlist
Ctrl+D                              #按下 Ctrl+D 组合键，保存并退出
```

其中，time 可以为具体时间，如 12:30、17:50 等，也可以为相对时间，相对时间单位有 minutes、hours、months、years、weeks，应用举例如下：

```
[root@ksu ~]# at 19:09 Oct 12
at> hello world!
at> <EOT>                           #按下 Ctrl+D 组合键，保存并退出
job 3 at Sat Oct 12 19:09:00 2019
[root@ksu ~]# at now+2 minutes      #2min 之后发送广播内容 hello
at> wall hello
at> <EOT>
job 4 at Sat Oct 12 19:10:00 2019
```

（2）crontab 命令

crontab 命令用于定期执行某个任务，而 at 却只能执行一次，这对于想要实现以固定时间间隔执行任务的情况来说，at 命令难以解决问题，而 crontab 就成为很好的选择。cron 是 Linux 的内置服务，在系统中以 crond 进程的形式存在，可以通过"systemctl start crond.service"启动 cron 服务。

新增 cron 调度任务可以通过以下方法实现：

在命令行输入 crontab -e，然后添加相应的任务，使用 wq 存盘退出。任务添加格式如下：

```
.--------------- minute (0 - 59)
|  .------------- hour (0 - 23)
|  |  .---------- day of month (1 - 31)
|  |  |  .------- month (1 - 12) OR jan,feb,mar,apr ...
|  |  |  |  .---- day of week (0 - 6) (Sunday=0 or 7) OR sun,mon,tue,wed,
thu,fri,sat
|  |  |  |  |
*  *  *  *  *
```

其中，五个星号表示周期性的时间，即使用"*"来标识分、时、日、月、周。另外，cron 服务还提供其他操作命令，如下：

```
crontab  -e/ -l/ -r
```

其中，-e 表示编辑某个用户的 cron 服务，-1 表示列出某个用户 cron 服务的详细信息，-r 表示删除某个用户的 cron 服务。

管理 cron 作业就是对/var/spool/cron 目录下的作业列表文件进行管理。

例如，表示每天的第 24:00 执行"wall hello everyone！another day is coming."，操作命令如下：

```
[root@ksu ~]# crontab  -e
  0  24 *  *  *   wall hello everyone! another day is coming.
[root@ksu ~]# crontab  -l
```

其他示例如下：

```
0 * * * * /bin/ls      #每月每天每小时的第 0 min 执行一次 /bin/ls
0 */2 * * * systemctl restart httpd.service   #每 2h 重启一次 apache
0 7 * * *  systemctl start sshd.service      #每天 7:00 开启 ssh 服务
0 23 * * * systemctl stop sshdd.service      #每天 23:00 关闭 ssh 服务
20 0-23/2 * * * echo "Linux" #每月每天的 0 点 20 分、2 点 20 分、4 点 20 分等执行
echo "Linux"
```

3.7.2　Linux 进程管理命令

进程是程序的执行过程，系统通过 PID 来区分每一个进程，也通过 PID 来管理进程。常用的进程管理命令如下：

1. 获取进程信息的命令

通过 ps 命令可以查看进程状态，获取有关进程的相关信息。例如：

- 显示哪些进程正在执行和执行的状态。
- 进程是否结束、有没有僵死进程。
- 哪些进程占用了过多的系统资源。

2. ps 命令

ps 是一个功能强大的进程查看命令，可以用来确定哪些进程正在执行以及执行的状态、进程占用系统资源的情况。其命令格式为如下：

```
ps [参数选项]
```

该命令功能强大，可选参数较多，常用的参数选项见表 3-14。

表 3-14 ps 命令的常用参数选项

选　项	说　明	选　项	说　明
-a	显示所有用户进程	-f	显示进程的详细信息
-e	显示包括系统进程的所有进程	-x	显示没有控制终端的进程
-l（L 的小写）	显示进程的详细列表	-u	显示用户名和启动时间等信息

ps 可以配合不同参数实现不同功能，应用举例如下：

```
[root@ksu ~]# ps -aux              #查看所有进程的用户名及启动时间等信息
USER  PID %CPU %MEM   VSZ   RSS TTY     STAT START   TIME COMMAND
root    1  0.0  0.5 193700  5264 ?      Ss   04:16   0:12 /usr/lib/systemd/sys
root    2  0.0  0.0     0     0 ?       S    04:16   0:00 [kthreadd]
root    3  0.0  0.0     0     0 ?       S    04:16   0:02 [ksoftirqd/0]
root    5  0.0  0.0     0     0 ?       S<   04:16   0:00 [kworker/0:0H]
root    7  0.0  0.0     0     0 ?       S    04:16   0:01 [migration/0]
root    8  0.0  0.0     0     0 ?       S    04:16   0:00 [rcu_bh]
root    9  0.0  0.0     0     0 ?       S    04:16   0:08 [rcu_sched]
root   10  0.0  0.0     0     0 ?       S    04:16   0:02 [watchdog/0]
root   11  0.0  0.0     0     0 ?       S    04:16   0:00 [watchdog/1]
[root@ksu ~]# ps -ef                        #查看系统进程的详细信息
UID       PID  PPID C STIME TTY       TIME CMD
root        1     0 0 04:16 ?     00:00:12 /usr/lib/systemd/systemd --
switched-
root        2     0 0 04:16 ?     00:00:00 [kthreadd]
root        3     2 0 04:16 ?     00:00:02 [ksoftirqd/0]
root        5     2 0 04:16 ?     00:00:00 [kworker/0:0H]
root        7     2 0 04:16 ?     00:00:01 [migration/0]
root        8     2 0 04:16 ?     00:00:00 [rcu_bh]
root        9     2 0 04:16 ?     00:00:08 [rcu_sched]
root       10     2 0 04:16 ?     00:00:02 [watchdog/0]
[root@ksu ~]# ps -u root                    #查看 root 用户的进程信息
[root@ksu ~]# pgrep sshd                    #匹配 sshd 的进程 PID
[root@ksu ~]# pidof sshd                    #通过 sshd 进程名称获取 PID
```

其中输出部分的含义见表 3-15。

其中，进程状态（STAT）表示状态的字符含义见表 3-16。

表 3-15 ps 命令输出部分的含义

选 项	说 明	选 项	说 明
USER/UID	进程所有者的用户名	TTY	进程从哪个终端启动
PID	进程号	STAT	进程当前状态
PPID	父进程的进程号	START	进程开始执行的时间
%CPU/C	占用的 CPU 与总时间的百分比	TIME	进程从启动以来占用 CPU 的总时间
%MEM	占用内存与系统内存总量的百分比	COMMAND/CMD	进程命令名
VSZ	进程占用的虚拟内存空间（KB）	STIME	进程开始执行的时间
RSS	进程所占用的内存空间（KB）		

表 3-16 进程状态含义

状 态	含 义	状 态	含 义
R	进程正在运行中	Z	僵死进程，进程已被终止
S	进程处于休眠状态	W	进程没有固定的驻留页
T	进程停止或追踪		

3. free 命令

free 命令用于显示系统内存的使用情况，包括内存总量、已经使用的内存数量、空闲内存数量等信息。应用示例如下：

```
[root@ksu ~]# free
            total      used      free    shared  buff/cache  available
Mem:       999720    720940     79224      3336      199556       73100
Swap:     2097148     28804   2068344
```

4. top 命令

top 命令用于持续不断地实时更新并显示系统的进程状态，包括显示 CPU 利用率、进程状态、内存利用率等系统信息。应用示例如图 3-1 所示。

```
[root@ksu ~]# top
top - 15:10:26 up 10:53,  2 users,  load average: 0.00, 0.03, 0.05
Tasks: 241 total,   1 running, 240 sleeping,   0 stopped,   0 zombie
%Cpu(s):  0.2 us,  0.2 sy,  0.0 ni, 99.5 id,  0.0 wa,  0.0 hi,  0.2 si,  0.0 st
KiB Mem :  999720 total,    72652 free,   721968 used,   205100 buff/cache
KiB Swap: 2097148 total,  2068352 free,    28796 used.    69312 avail Mem

  PID USER      PR  NI    VIRT    RES    SHR S  %CPU %MEM     TIME+ COMMAND
  477 root      20   0       0      0      0 S   0.3  0.0   0:05.94 xfsaild/dm-0
    1 root      20   0  193700   5156   2780 S   0.0  0.5   0:13.38 systemd
    2 root      20   0       0      0      0 S   0.0  0.0   0:00.05 kthreadd
    3 root      20   0       0      0      0 S   0.0  0.0   0:02.20 ksoftirqd/0
    5 root       0 -20       0      0      0 S   0.0  0.0   0:00.00 kworker/0:0H
    7 root      rt   0       0      0      0 S   0.0  0.0   0:01.38 migration/0
    8 root      20   0       0      0      0 S   0.0  0.0   0:00.00 rcu_bh
    9 root      20   0       0      0      0 S   0.0  0.0   0:08.41 rcu_sched
   10 root      rt   0       0      0      0 S   0.0  0.0   0:02.66 watchdog/0
   11 root      rt   0       0      0      0 S   0.0  0.0   0:00.92 watchdog/1
   12 root      rt   0       0      0      0 S   0.0  0.0   0:03.03 migration/1
   13 root      20   0       0      0      0 S   0.0  0.0   0:01.76 ksoftirqd/1
   15 root       0 -20       0      0      0 S   0.0  0.0   0:00.00 kworker/1:0H
   17 root      20   0       0      0      0 S   0.0  0.0   0:00.01 kdevtmpfs
   18 root       0 -20       0      0      0 S   0.0  0.0   0:00.00 netns
   19 root      20   0       0      0      0 S   0.0  0.0   0:00.07 khungtaskd
   20 root       0 -20       0      0      0 S   0.0  0.0   0:00.00 writeback
   21 root       0 -20       0      0      0 S   0.0  0.0   0:00.00 kintegrityd
```

图 3-1 top 命令实时显示进程状态信息

图 3-1 中，上部分是统计系统的资源使用情况，下部分是以列表的形式并按固定的时间刷新来显示系统进程的运行状态。使用 top 命令可以获得许多系统信息，如进程已启动的时间、目前登录的用户人数、进程的个数以及单个进程的数据等。在 top 环境中常用的功能如下：

（1）排序

在默认的情况下，top 会按照进程使用 CPU 的时间来周期性地刷新内容。另外，用户也可以按照内存使用率或执行时间进行排序。

按 P 键，根据 CPU 的使用时间长短来排序。

按 M 键，根据内存的使用量多少来排序。

按 T 键，根据进程的执行时间多少来排序。

（2）指定刷新时间

top 命令配合"-d"参数用于指定实时显示的刷新时间。例如，要将刷新时间设为 1s，则执行命令如下：

```
[root@ksu ~]# top -d 1
```

5. sleep 命令

sleep 命令用于使进程延迟一段时间再执行。其命令格式如下：

```
sleep time; command
```

其中，time 为延迟时间，时间单位为 s，command 为命令，应用如下：

```
# sleep 10; ps -aux          #在 10s 之后，执行 ps -aux 命令
```

6. kill 命令

在系统运行期间，如果发生了以下情况，就需要将这些进程结束掉。

- 进程占用了过多的 CPU 时间。
- 进程锁住了一个终端，使其他前台进程无法运行。
- 进程运行时间过长，但没有预期结果或无法正常退出。
- 进程产生了许多到屏幕或磁盘文件的输出。

（1）进程信号

在 Shell 中通过 kill 命令发送信号给进程，进而执行对应的关联动作。可以使用如下命令查看可用的进程信号及其详细信息，常用进程的信号说明见表 3-17。

```
# kill -l              #L 的小写，列出所有可以由 kill 传递的信号
# man 7 signal         #查看进程信号的详细信息
```

表 3-17 常用进程的信号说明

信 号	值	说 明
SIGHUP	1	重读配置文件
SIGINT	2	从键盘上发出的强行终止信号（Ctrl+C）
SIGKILL	9	结束接收信号的进程（强行杀死进程）
SIGTERM	15	正常的终止信号

（2）发送进程信号的命令

表 3-18 列出了常用发送进程信号的命令。

表 3-18 常用发送进程信号的命令

命　令	说　明
kill	通过指定进程的 PID 为进程发送进程信号
killall	通过进程名称杀死同一进程组内的所有进程。如果为服务名称，则杀死和该服务相关的所有进程
pkill	通过模式匹配为指定的进程发送进程信号

例 3.10 结束 sshd 进程和 httpd 进程。

```
[root@ksu ~]# ps -l
[root@ksu ~]# kill -9 16873                    #ps -l列出的top进程的PID号
[root@ksu ~]# killall  sshd
#远程连接断开，在Linux系统上启动sshd服务，即输入"systemctl  start  sshd.
service"
[root@ksu ~]# pkill -9 httpd
```

3.7.3 进程的前台与后台控制

系统在启动进程时，手动启动方式分为前台启动和后台启动，对应进程在前台和后台执行。一般情况下，前台进程在执行过程中，其指令将独占 Shell，并拒绝其他输入。而后台进程，允许多条进程在后台执行，后台进程的引入极大地提高了系统的工作效率。

进程控制是对前台和后台进程的控制和调度，称为任务控制。例如，top 命令以前台进程的方式运行，独占终端，这时可使用进程控制命令（Ctrl+C 键）来中断。常用的进程控制命令见表 3-19。

表 3-19 常用的进程控制命令

命　令	说　明
cmd &	后台进程，即将命令放在后台运行，以免独占终端
Ctrl+D 键	终止一个正在前台运行的进程（正常终止）
Ctrl+C 键	终止一个正在前台运行的进程（强行终止）
Ctrl+Z 键	挂起一个正在前台运行的进程
jobs	显示后台作业和被挂起的进程
bg	在后台恢复运行一个被挂起的进程
fg	在前台恢复运行一个被挂起的进程

当一个命令在前台被启动运行时，会禁止用户与 Shell 进行交互，直到该命令结束。大多数的命令执行都会很快完成，但是要运行的命令在花费很长时间的情况下，如 top 命令等，就需要把它放到后台运行，以便还能输入其他命令。

例 3.11 前后台进程切换。

```
[root@ksu ~]# vi /etc/passwd &
[1] 19626
```

```
[root@ksu ~]# top &
[2] 19652
[root@ksu ~]# jobs
[1]-  已停止              vi /etc/passwd
[2]+  已停止              top
```
#其中第一列为作业号，第二列"+"号表示默认作业，"-"号表示第二默认作业，第三列为作业状态。
```
[root@ksu ~]# fg  1                      #将 1 号进程恢复到前台继续运行
[root@ksu ~]# bg  2                      #将 2 号进程恢复到后台继续运行
```

习题 3

3.1　Linux 系统中的用户类型分为哪几种？不同类型的用户具有什么功能？

3.2　锁定 zhangyi 用户，使其不能登录系统。

3.3　使用 useradd 命令每次创建的新用户目录权限为 700，请结合用户账号限制文件 /etc/login.defs 分析原因。

3.4　修改用户账号名称 zhangyi 为 zhanger。

3.5　命令解释。

（1）# useradd zhangyi

（2）# usermod -d   /test/zhangyi   -s /sbin/nologin zhangyi

（3）# usermod   -l   zhanger   zhangyi

（4）# groupadd student

（5）# useradd -g student zhangsan

（6）# groups zhangsan

（7）# usrmod -g zhangyi zhangyi

（8）# groupmod -n teacher sysgroup

（9）# gpasswd -a zhangyi teacher

（10）# gpasswd -A zahngyi teacher

3.6　执行完如下命令后，再执行"groupdel student"删除 student 组，会显示什么结果？分析原因，请写出删除 student 组的正确命令。

```
# groupadd  student
# useradd  -g  student  zhangyi
# useradd  -g  student  zhanger
# useradd  zhangsan
# useradd  zhangsi
# gpasswd -a zhangsan student
# gpasswd -a zhangsi student
```

3.7　操作用户的管理命令（如 useradd、passwd、userdel 等）会引起相应文件的变化，结合用户的管理文件，试着分析使用 useradd 命令创建 zhangyi 用户引起的用户管理文件的变化，试着修改用户的管理文件来删除 zhangyi 用户。

3.8 创建一个名为 student 的普通用户组，然后创建一个名为 zhangyi 的用户，并将该用户添加到 student 组中。创建 zhanger 用户，将创建后的 zhanger 用户添加到 student 组中，然后查看 zhanger 用户所隶属的用户组。

3.9 简述 Linux 系统的启动过程。比较 systemd 的管理目标与 SysVinit 的运行级别。

3.10 获取当前系统的管理目标，试着在 multi-user.target 和 graphical.target 两种目标之间切换。

3.11 简述进程的概念，请说明进程类型以及各自的特点、作用和使用场合。

第 4 章　网络管理

Linux 操作系统是网络化的产物，提供丰富的网络功能。掌握基本的网络管理技能对于网络管理员来说非常重要。本章首先介绍了 Linux 网络管理基本内容以及配置方法，并给出了一些常见的网络调试命令；然后，介绍了 RPM、TAR 和 YUM 软件包管理系统以及相关命令，以 FTP 服务器搭建为例，简要说明了 YUM 源的配置过程。学习好本章内容，对于后续网络服务的学习将有很大帮助。

4.1　Linux 网络配置

4.1.1　Linux 网络基础

某一主机要与其他主机进行通信，需要进行正确的网络配置。网络配置内容包括主机名、IP 地址、子网掩码、网关以及 DNS 等。在 Linux 系统中，网络配置信息分别存放在不同的配置文件中，对这些文件的编辑需要通过网络来完成。网络参数配置主要有静态手工配置和 DHCP 动态获取两种方式。

静态手工配置是指通过命令或修改配置文件来配置网络参数。该方法简单、快捷。但是对于规模较大的网络来说，该方法工作量大，并且还容易出错，一般应用在小型的网络环境中。

DHCP 动态获取网络参数依赖于 DHCP 服务，该服务以地址租约形式提供 TCP/IP 参数分配和管理。该方法可以实现网络参数的集中配置和管理，基本上不需要网络管理员人工干预，一般应用在大中型的网络环境中。

网络参数配置分为临时性配置和长期有效配置。其中，临时性配置在配置完毕之后立即生效，系统重启后配置将失效。而长期有效配置一般通过修改网络配置文件来实现，重启之后开始生效，并长期有效。

Linux 支持众多的网络设备。在主机中，为了正确区分网络设备以及避免网络设备命名方法上的差异性，RIIEL 7 使用了一致网络设备命名机制。一致网络设备命名机制是根据硬件、拓扑以及位置信息来设置名称，优点是命名自动化，名称与物理设备相关，在硬件设备出现故障后更换新的设备不会影响设备的命名，缺点是新的设备名称难以识记。

一致网络设备命名机制是以"设备类型 硬件类型 数字"来标识某一个确定的网络设备。常见的网络设备类型如下：

- en：表示以太网设备（EtherNet）。
- wl：表示无线局域网设备（Wiress LAN）。
- ww：表示无线广域网设备（Wiress WAN）。

以下 3 个字符用于标识不同的硬件类型：

- o：表示主板板载设备（Onboard Device）。
- s：表示热插拔插槽上的设备（Hot-plug Slot）。
- p：表示 PCI 总线或 USB 接口上的设备（PCI Device）。

一致网络设备命名机制基于系统硬件，所以不同系统上的网络接口名称可能不同。

4.1.2　RHEL 7.x 的配置文件

REHL 7.x 系统中的大多数配置文件存放在/etc 目录下，网络配置文件见表 4-1。

表 4-1　RHEL 7.x 系统的网络配置文件

配置文件名称	功 能 说 明
/etc/sysconfig/network-scripts/ifcfg-*	网卡接口配置文件
/etc/hostname	主机名配置文件
/etc/protocols	当前可用协议的配置文件
/etc/hosts	本地域名配置文件，完成主机名映射为 IP 地址的功能
/etc/resolv.conf	域名服务器的配置文件，完成域名到 IP 地址的映射
/etc/services	系统支持的网络服务及端口号

网络接口配置文件存放在/etc/sysconfig/network-scripts 目录下，ifcfg-ens33 网卡的配置文件常用参数说明如下：

```
# cat /etc/sysconfig/network-scripts/ifcfg-ens33
TYPE=Ethernet                    #网络接口类型
PROXY_METHOD=no
BROWSER_ONLY=no
BOOTPROTO=static
#表示获取网络参数的方式，BOOTPROTO 的取值有 static 和 dhcp
DEFROUTE=yes                     #指定是否启用默认路由，取值有 yes 和 no
IPV4_FAILURE_FATAL=no
#同时配置了 IPv4 和 IPv6，取值有 yes 和 no，若 IPv4 失效，则禁用该设备
IPV6INIT=yes                     #此接口是否启用 IPv6，取值有 yes 和 no
IPV6_AUTOCONF=yes
IPV6_DEFROUTE=yes
IPV6_FAILURE_FATAL=no
IPV6_ADDR_GEN_MODE=stable-privacy
UUID=f64f3026-b73d-4392-ac98-f308b60210bd    #设备的通用唯一标识码
DEVICE=ens33                     #网卡名称
ONBOOT=no                        #表示是否在开机时启动该设备，取值有 yes 或 no
IPADDR=192.168.10.3              #网卡接口的 IP 地址
PREFIX=24                        #CIDR 的网络前缀
GATEWAY=192.168.10.2             #网关
DNS1=218.195.192.73              #首选 DNS 地址
```

下面结合网络参数配置文件介绍主机名、IP 地址、DNS 等网络参数的配置方法。

1．配置 hostname

在命令提示符下可输入 hostname 命令查看主机名。若临时修改主机名，可以输入 "hostname 要修改的主机名"形式的命令，修改后的主机名不会记录到配置文件中，系统重启之后就失效了。若要使修改的主机名长期有效，就需要编辑主机名的配置文件（/etc/hostname），在系统重启后生效，并长期有效。应用示例如下：

```
[root@ksu ~]# hostname
ksu.localdomain
[root@ksu ~]# hostname zk123.localdomain  #临时修改主机名为 zk123.localdomain
[root@ksu ~]# hostname
zk123.localdomain
[root@ksu ~]# vi /etc/hostname
zk123.localdomain                          #设置主机名为 zk123.localdomain
[root@ksu ~]# reboot                       #重启之后，设置的主机名开始生效
```

2．配置 IP 地址

首先，通过 ifconfig 命令显示当前活动的网卡信息；然后，通过网卡配置文件以及其他工具修改 IP 网络参数。根据修改对象的不同，配置 IP 地址的方法可以分为以下四种。

（1）修改/etc/sysconfig/network-scripts/ifcfg-*配置文件

```
# vi /etc/sysconfig/network-scripts/ifcfg-ens33
BOOTPROTO=static
IPADDR=192.168.10.3
PREFIX=24
GATEWAY=192.168.10.2
DNS1=218.195.192.73
```

修改完 ens33 网卡配置文件中的参数，在系统重启之后，设置的 IP 地址开始生效。

（2）编辑网络连接图标

如果安装的是图形桌面操作系统，开机后在桌面的右上角有个喇叭小图标，单击鼠标右键，弹出快捷菜单，选择"有线 已关闭"→"有线设置"→"有线连接"→"设置"→"IPv4"命令，弹出"有线连接"的 IPv4 网络配置窗口，从中可编辑 IP 地址等网络参数。

网络参数编辑完毕返回桌面，右击喇叭小图标，选择"有线 已关闭"→"连接"命令，网络连接建立之后，IP 地址等网络参数开始生效。

（3）采用图形工具 nm-connection-editor

```
[root@ksu ~]# nm-connection-editor
```

在命令提示符下输入 nm-connection-editor 命令后，弹出图 4-1 所示的对话框，选择以太网 ens33，单击"编辑"按钮，选择"IPv4 设置"选项卡，就可以对网卡 ens33 进行 IP 网络参数配置了。配置内容如图 4-2 所示。

（4）采用图形工具 nmtui

在命令提示符下输入 nmtui 命令后，弹出图 4-3 所示的界面，选择"编辑连接"选项，

选中 ens33 以太网选项的"编辑"选项，在弹出的界面中就可以对 ens33 网卡进行网络参数配置。配置内容如图 4-4 所示。

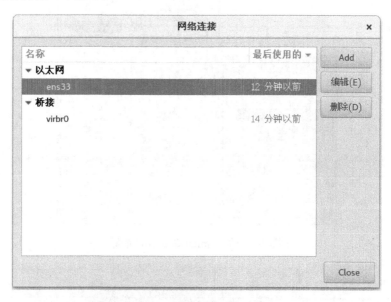

图 4-1　"网络连接"对话框

图 4-2　网络界面

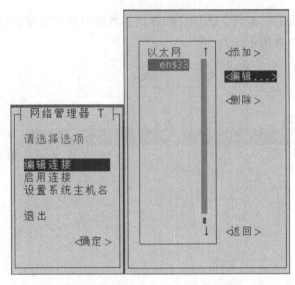

图 4-3　输入 nmtui 命令后的界面

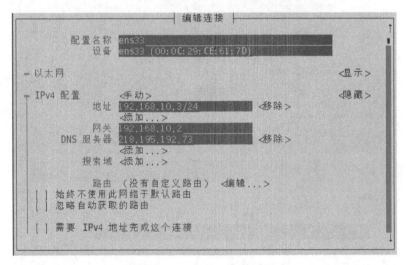

图 4-4　nmtui 网络编辑连接界面

3. 配置本地域名服务器

/etc/hosts 是用于本地域解析的文件，其中包含了 IP 地址和主机名之间的对应关系。进行名称解析时，系统会直接读取该文件中的 IP 地址和主机名映射记录。配置内容的格式为 IP 地址　主机名　域名。

在没有指定域名服务器时，网络程序一般通过查询该文件来获得某个主机对应的 IP 地址。利用该文件，可实现本机的域名解析。若要实现 www.zk123.edu.cn 的主机 IP 指向 192.168.10.3，则需要在配置文件中添加如下内容。

```
[root@ksu ~]# vi /etc/hosts
192.168.10.3  ksu.localdomain  www.zk123.edu.cn        #文件末尾添加的内容
```

4. 配置域名服务器客户端文件

在设置完 IP 地址、子网掩码和网关之后，若要实现与外网主机进行通信，还需要为主机配置 DNS 域名解析地址。DNS 域名解析的配置文件为/etc/resolv.conf，该文件提供了主机域名的搜索顺序和 DNS 服务器的 IP 地址，配置内容如下：

```
[root@ksu ~]# vi /etc/resolv.conf
# Generated by NetworkManager
search localdomain
nameserver 218.195.192.73
nameserver 61.128.114.166
```

上述内容表明为主机提供了两个 DNS 服务器地址，即主 DNS 服务器地址（地址为 218.195.192.73）和备份 DNS 地址（地址为 61.128.114.166）。

5. 配置包转发

Linux 系统默认开启数据包的转发功能，但是在某些环境下，为了确保服务器的安全，不允许用户对服务器发送 ping 命令，进而避免了 DDOS 攻击。为此，需要对服务器的 IPv4 路由转发进行配置。应用示例如下：

```
[root@ksu ipv4]# cat /proc/sys/net/ipv4/icmp_echo_ignore_all
0
[root@ksu ipv4]# echo "1" > /proc/sys/net/ipv4/icmp_echo_ignore_all
[root@ksu ipv4]# ping 192.168.10.3  #ping 本机 IP 地址 192.168.10.3，结果不通
```

4.1.3　常见的网络调试命令

网络运行过程中，经常会由于某种原因导致网络不能正常工作，为便于查找网络故障，Linux 系统提供了一些网络诊断调试命令，以便用户查找网络故障和解决问题。下面主要介绍一些常用的网络诊断调试命令。

1. ifconfig 命令

（1）查看网卡的配置参数

命令格式如下：

```
ifconfig [-a|-v|-s] [interface]
```

其中，interface 表示接口的名称，如 ens33、lo 等。如果指定了接口名称，则只列出该接口的信息，否则列出所有活动接口的信息。-a 参数表示列出所有的接口，包括活动和非活动的接口。-s 参数表示列出的是接口的简要信息。例如，ifconfig 命令列出所有活动接口的信息，如下：

```
[root@ksu ~]# ifconfig                        #查看所有活动的网卡信息
ens33: flags=4163<UP,BROADCAST,RUNNING,MULTICAST>  mtu 1500
        inet 192.168.10.3  netmask 255.255.255.0  broadcast 192.168.10.255
        inet6 fe80::20c:29ff:fece:617d  prefixlen 64  scopeid 0x20<link>
        ether 00:0c:29:ce:61:7d  txqueuelen 1000  (Ethernet)
```

```
                RX packets 682  bytes 556293 (543.2 KiB)
                RX errors 0  dropped 0  overruns 0  frame 0
                TX packets 326  bytes 40401 (39.4 KiB)
                TX errors 0  dropped 0 overruns 0  carrier 0  collisions 0
     lo: flags=73<UP,LOOPBACK,RUNNING>  mtu 65536
                inet 127.0.0.1  netmask 255.0.0.0
                inet6 ::1  prefixlen 128  scopeid 0x10<host>
                loop txqueuelen 1  (Local Loopback)
                RX packets 0  bytes 0 (0.0 B)
                RX errors 0  dropped 0  overruns 0  frame 0
                TX packets 0  bytes 0 (0.0 B)
                TX errors 0  dropped 0  overruns 0  carrier 0  collisions 0
     [root@ksu ~]# ifconfig ens33              #查看所有 ens33 的网卡信息
```

（2）设置网络的 IP 地址

命令格式如下：

```
ifconfig  接口名称  IP地址 netmask 子网掩码    #设置网卡的 IP 地址及子网掩码
```

例如：

```
[root@ksu ~]# ifconfig ens33 192.168.10.10 netmask 255.255.255.0
```

以上命令将 ens33 接口的 IP 地址设置为 192.168.10.10，将子网掩码设置为 255.255.255.0。需要说明的是，这种方式设置的结果是临时有效的，在系统重启之后，IP 地址和子网掩码恢复为设置前的参数。

（3）激活和停止网卡

命令格式如下：

```
ifconfig  [网卡名称]  up | down          #关闭或者开启网卡
ifup      [网卡名称]                     #开启网卡
ifdown    [网卡名称]                     #关闭网卡
```

例如：

```
[root@ksu ~]# ifconfig ens33 down  #关闭 ens33 接口网络，等价于 ifdown ens33
[root@ksu ~]# ifconfig ens33 up    #开启 ens33 接口网络，等价于 ifp ens33
```

2. ping 命令

该命令用于测试主机之间的连通性。命令格式如下：

```
ping  [-c count]  [-s packetsize]  IP地址或者域名
```

其中，-c 参数用于向指定主机发送多少个报文；-s 用于指定发送报文的大小，一般以字节（B）为单位。例如：

```
[root@ksu ~]# ping 192.168.10.2
PING 192.168.10.2 (192.168.10.2) 56(84) bytes of data.
64 bytes from 192.168.10.2: icmp_seq=1 ttl=128 time=0.170 ms
64 bytes from 192.168.10.2: icmp_seq=2 ttl=128 time=0.388 ms
64 bytes from 192.168.10.2: icmp_seq=3 ttl=128 time=0.279 ms
^C                              #使用 Ctrl+C 组合键，中断命令执行
```

```
--- 192.168.10.2 ping statistics ---
3 packets transmitted, 3 received, 0% packet loss, time 2001ms
rtt min/avg/max/mdev = 0.170/0.279/0.388/0.089
```

以上 ping 命令用来测试与主机 192.168.10.2 的连通性。执行时，每收到一个 ICMP 报文，就在屏幕上动态显示出来，依次显示收到的字节数、数据包序列号、TTL 值及数据包来回的时间。最后统计数据包发送误码率以及时延情况。

```
[root@ksu ~]# ping -c 4 -s 4096 192.168.10.2
PING 192.168.10.2 (192.168.10.2) 4096(4124) bytes of data.
4104 bytes from 192.168.10.2: icmp_seq=1 ttl=128 time=0.288 ms
4104 bytes from 192.168.10.2: icmp_seq=2 ttl=128 time=0.410 ms
4104 bytes from 192.168.10.2: icmp_seq=3 ttl=128 time=0.301 ms
4104 bytes from 192.168.10.2: icmp_seq=4 ttl=128 time=0.337 ms

--- 192.168.10.2 ping statistics ---
4 packets transmitted, 4 received, 0% packet loss, time 3002ms
rtt min/avg/max/mdev = 0.288/0.334/0.410/0.047 ms
```

以上命令中，"-c 4"参数用于向 192.168.10.2 主机发送 4 个数据包，"-s 4096"参数表示每次发送的数据包的大小为 4096B。

3. nslookup 命令

nslookup 是一种监测网络中 DNS 服务器能否正确实现域名解析的命令行工具。命令格式为 nslookup　[要查询的主机名 | 域名]。

例如，利用 nslookup 命令解析域名和 IP 地址。

```
[root@ksu ~]# nslookup www.qq.com          #正向解析 www.qq.com 对应的 IP
Server:     218.195.192.73
Address:    218.195.192.73#53

Non-authoritative answer:
www.qq.com  canonical name = public-v6.sparta.mig.tencent-cloud.net.
Name:   public-v6.sparta.mig.tencent-cloud.net
Address: 182.254.21.36
Name:   public-v6.sparta.mig.tencent-cloud.net
Address: 182.254.21.58
[root@ksu ~]# nslookup 218.195.192.76       #反向解析 218.195.192.76 对应的域名
Server:     218.195.192.73
Address:    218.195.192.73#53

76.192.195.218.in-addr.arpaname = www.ksu.edu.cn.
```

4. dig 命令

在 Web 的访问过程中，需要把域名解析为 IP 地址。一般情况下，可以通过 ping、nslookup 命令来查找到域名对应的 IP 地址。如果需要进一步查找 IP 地址对应的域名、解析域名的 DNS 服务器等信息，可以使用 dig 命令。命令格式为：

```
dig @server name type
```

其中，server 表示 DNS 服务器的 IP 地址，如果不指明，则从/etc/resolv.conf 文件中获取指定 DNS 服务器的 IP 地址。name 表示需要解析的域名或者 IP 地址。type 表示解析的类型，有三种类型，A 表示正向域名解析，PTR 表示反向域名解析，MX 表示要得到邮件服务器的名称和 IP 地址。type 解析类型默认为 A。

例如，利用 dig 命令解析域名和 IP 地址。

```
[root@ksu ~]# dig @218.195.192.73 www.ksu.edu.cn
```

解析域名对应的 IP 地址，采用的 DNS 为 218.195.192.73，解析类型保持默认。

```
[root@ksu ~]# dig  218.195.192.76  PTR
```

反向解析 218.195.192.76 对应的域名。一般情况下反向解析是失败的，这是因为 DNS 服务器没有正确设置 PTR 记录。

```
[root@ksu ~]# dig 126.com MX
```

查询域 126.com 中的邮件服务器。结果显示一共有四台邮件服务器。

5. traceroute

该命令用于实现路由跟踪，跟踪从当前主机到目标主机所经过的路径，可以用来分析网络的故障位置。命令格式为：

```
traceroute  [-f first_ttl] [ -i device ] [ -m max_ttl ] [ -N squeries ]
[ -p port ] host
```

其中，-f 参数指定数据包的起始 TTL 值，默认为 1。-i 参数指定发送探测数据包的接口，默认按照路由表进行选择。-m 参数指定最大的 TTL 值，默认是 30。-N 参数表示在显示时不对 IP 地址进行名称解析。-p 参数表示在使用 UDP 数据包探测时，指定数据包起始端口号；使用 ICMP 数据包探测时，指定起始序列号；使用 TCP 数据包探测时，指定一个固定端口号。

例如，路由跟踪到指定域名，查看跟踪路径。

```
[root@ksu ~]# traceroute www.ksu.edu.cn
#跟踪从本机到 www.ksu.edu.cn 主机之间的路径
[root@ksu ~]# traceroute  -n -q 1 www.qq.com
#其中，"-q 1"表示在探测过程中，每个路由器只发送一个探测数据包
[root@ksu ~]# traceroute -n -f 20 www.baidu.com
#其中，"-f 20"表示从第 20 个路由器开始探测，默认到第 30 个路由器就探测结束了
```

4.1.4 网络故障排除

网络故障的产生可能是由多方面的原因引起的，另外，不同的网络故障表现出不同的现象。这就需要网络管理员根据所学的网络知识和实践经验，综合运用排障工具以及网络调试命令来定位网络故障，进而排除故障。不同类型的网络采用的接入技术以及提供的服务不太一样，这就需要用户按照要求的方式接入网络，使用网络时可能存在网络连接不通或者时断时通等情况。由于网络故障的多样性和复杂性，网络故障的分类方法也不尽相

同。根据网络故障的性质可以分为物理故障和逻辑故障，也可以根据网络故障的发生对象，把故障分为线路故障、设备故障和主机故障。

一般来说，按照网络故障性质分类，网络故障主要有以下两种。

1）物理故障，一般是由网络硬件或者网络连接引起的故障。如由设备或线路的损坏、接头松动、线路受到严重电磁干扰等引起。通常表现为某条线路突然中断或者时断时通，这时需要使用 ping 命令检测线路与网络设备的端口是否连通。如果不连通，则检查端口接头是否松动，如果松动则插紧；再用 ping 命令检查，如果连通则网络故障排除。同时，也有可能存在网络中心的网络设备接头松动，这就需要报告网络管理员进行解决。另外一种常见的物理故障情况是网络接头误接，主要是由于操作员没有搞清楚制作网络接头的规范和线序，如 EIA/TIA 568A 和 568B 的线序就不一样。网络接头都有一定的规范和线序，只有搞清楚每根线路的颜色和顺序，才能制作出符合规范的网络线路。

2）逻辑故障，一般是由软件安装或者设备配置错误导致的网络异常或故障。最常见的配置错误可能是路由器和交换机的参数设定有误，网络协议选择不当，或者网络划分不合理，也可能是由于网络服务进程或端口关闭，或者计算机病毒的攻击等引起。同样是用户不能访问网络，可能由于用户端的 IP 参数规划不合理，也有可能由于所连接设备的路由器或交换机配置不正确等情况，这就需要管理员根据情况进行具体分析，建立起综合性的排障计划，逐步排除故障。例如某一条线路故障，但是可以 ping 通线路的两端，可能是由于路由器或交换机把端口路由指向了线路的近端，导致 IP 数据包在线路上环路传输，这时就需要修改路由器或交换机的路由配置，把路由配置为正确的地址后，就可以恢复线路畅通。另外，如果网络访问时断时通，网络中存在流量，通常表现为网络服务器温度太高、CPU 利用率过高以及可用内存过小等，这种网络拥塞故障没有影响网络的连通性，但是影响了网络提供的服务质量，而且还会存在硬件设备的损坏，可以采用集群技术解决。

通常，网络故障的排除可以采用以下步骤。

1）详细描述网络故障现象。网络出现故障可能存在一种或者多种现象，这就要求尽可能详细地描述这些网络故障现象。如用户不能上网，应该搞清楚是哪些用户使用网络的哪些服务时出现故障，是速度降低还是不能访问，是时断时通还是连续出现故障，是 IP 地址不能访问还是域名不能访问等。

2）定位网络故障并分析原因，制订排障计划。TCP/IP 网络模型为人们分析网络故障问题提供了一个很好的参考，不同的网络故障现象可以定位到不同的层次上，根据层次上设备的运行情况分析可能存在的问题，并制订解决这些问题的计划。TCP/IP 网络模型各层对应的网络故障现象如下：

应用层：应用软件自身存在的缺陷、应用协议功能不完整、端口的配置等。另外，还需要考虑病毒的侵犯、网络攻击等的影响。

传输层：网络拥塞机制及算法等。

网络层：路由器的配置、网络协议选择以及队列管理算法等。

数据链路层：交换机的配置及网络连接。

物理层：线路或接头连接。

3）按照排障计划排除网络故障，并且进行记录。根据建立起的排障计划逐步排除网络故障，如果采用某种方法之后网络故障排除了，就说明该方法对解决这种问题是有效的，并且做好记录，以在下次出现同样的问题时使用。网络故障排除过程的记录是实践工作经验的积累，可为以后解决其他问题提供参考。

4.2 RPM 软件包管理

4.2.1 RPM 包概述

RPM 是一个开放的软件包管理应用程序，最初的全称为 Red Hat Package Manager，工作在 Red Hat Linux 及其他系统上，是 Linux 系统的软件包管理标准。Red Hat 公司鼓励其他厂商了解 RPM 程序并在自己的产品中使用，RPM 的发布基于 GPL 协议。如今 RPM 的全称是 RPM Package Manager。RPM 由 RPM 社区负责维护，用户可以将系统光盘挂载到某一个临时目录下，查看当前系统提供的所有 RPM 包，也可以登录到 RPM 的官方站点（http://rpm.pbone.net/）查询最新软件包和历史软件包信息。使用 RPM 的最大好处在于它提供了快速的安装，减少了编译安装的错误困扰。

1．RPM 的功能

RPM 应用程序提供 RPM 包的安装、卸载、升级、查询以及验证功能。

2．RPM 包的格式

RPM 软件包的名称格式如下：

```
name-version.type.rpm
```

其中：

1）name：软件包的名称。

2）version：软件的版本号。

3）type：包的类型。具体包括的类型如下：

i[3456]86：表示在 Intel x86 计算机平台上编译。

sparc：表示在 SPARC 计算机平台上编译。

alpha：表示在 Alpha 计算机平台上编译。

noarch：表示已编译的代码与平台无关。

src：表示软件源代码。

4）rpm：文件扩展名。

例如：

httpd-2.4.6-67.el7.x86_64.rpm：是 httpd（2.4.6-67.el7）的 Intel x86_64 平台编译版本包。

httpd-devel-2.4.6-67.el7.x86_64.rpm：是 httpd-devel（2.4.6-67.el7）的 Intel x86_64 平台编译版本包。

httpd-manual-2.4.6-67.el7.noarch.rpm：是 httpd-manual（2.4.6-67.el7）与编译平台无关

的版本包。

3．获得 RPM 软件包

RPM 软件包的获得可以通过以下两种途径。

1）从安装光盘中获取。RPM 软件包可以从 RHEL-7.4 Server.x86_64 的安装光盘中获得，软件包一般存放在 Packages 目录下。光盘不能直接使用，需要将光盘挂载到某一个目录下，然后在 Packages 目录下查看光盘提供的所有软件包。如 mount　/dev/sr0　/mnt，ll /mnt/Packages。

2）从 RPM 官方站点（http://rpm.pbone.net/）获取。

4.2.2　RPM 命令

1．查询软件包

（1）查看软件包是否已经安装

若要查看系统中已经安装的软件包，或者查询某一个软件包是否已经安装，可以使用 "rpm　-qa" 命令，具体应用如下：

```
# rpm  -qa                    #查询系统中已经安装的所有 RPM 软件包
# rpm  -qa | vsftpd           #配合 grep 来查询 vsftpd 软件包是否已经安装
```

（2）查看指定软件包的安装情况

命令语法：rpm　-q　软件包

该命令用来查询某一指定的软件包是否已经安装，可以配合其他参数实现更多的功能。rpm 查询命令的常见用法如下：

```
rpm  -qi   软件包              #查询某一个软件包的描述信息
rpm  -ql   软件包              #查询某一个软件包所包含的文件列表
rpm  -qf   文件                #查询某一个文件是由哪个软件包在安装的过程中产生的
rpm  -qc   软件包              #列出软件包的配置文件
```

应用示例如下：

```
# rpm  -q  initial-setup      #查询 initial-setup 软件包是否已安装
# rpm  -qi  NetworkManager    #查询 NetworkManager 软件包的详细信息
# rpm  -qf  /etc/passwd       #查询/etc/passwd 文件是由哪个软件包安装产生的
# rpm  -qc  setup             #查询 setup 软件包的配置文件
```

2．安装软件包

安装 RPM 软件包使用-i 参数，还可以配合-v 和-h 参数。其中，-v 参数表示提供更多的详细信息输出，-h 参数表示软件包安装输出过程以哈希标记。

命令格式：rpm　-ivh　软件包

例如，采用 rpm 命令安装 vsftpd-3.0.2-22.el7.x86_64.rpm 软件包，实现过程如下：

```
[root@ksu ~]# mount  /dev/sr0  /mnt
[root@ksu ~]# cd  /mnt/Packages
[root@ksu Packages]# rpm  -ivh  vsftpd-3.0.2-22.el7.x86_64.rpm
```

```
警告: vsftpd-3.0.2-22.el7.x86_64.rpm: 头 V3 RSA/SHA256 Signature, 密钥 ID
fd431d51: NOKEY
   准备中...                      ############################### [100%]
   正在升级/安装...
      1:vsftpd-3.0.2-22.el7      ############################### [100%]
[root@ksu Packages]#
```

3. 升级软件包

升级软件包指若软件包没有安装则安装，若已经安装了旧版本的软件包，则将其升级为指定的软件包版本。升级过程采用"-U"参数来实现，安装过程中通常配合"-v"和"-h"参数，其命令用法为"rpm -Uvh 软件包全路径名"。

例如，升级 vsftpd 软件包名，实现过程如下：

```
[root@ksu Packages]# rpm -Uvh vsftpd-3.0.2-22.el7.x86_64.rpm
```

4. 卸载软件包

命令语法：rpm -e 软件包名称

该命令用于卸载一个已经安装了的软件包。例如，若要卸载 vsftpd 软件包，实现过程如下：

```
[root@ksu ~]# rpm -e vsftpd
```

5. 显示 RPM 依赖关系

有时采用 RPM 工具安装软件包失败了，一般是因为存在依赖关系。除了依赖包之外，还包括其他包所依赖的功能。通常软件包之间的依赖关系会发生作用，如果需要安装某一个软件包，则需要安装这些依赖的软件包，依赖软件包可以通过"rpm -ivh 软件包"格式的命令显示。如果"rpm -ivh 软件包"格式的命令执行成功，则表示依赖包已经安装或者不依赖其他包，如果失败则会列出所依赖的软件包列表。

例如，采用 RPM 安装 gcc-4.8.5-16.el7.x86_64.rpm 软件包，实现过程如下：

```
[root@ksu Packages]# rpm -ivh gcc-4.8.5-16.el7.x86_64.rpm          #列出 gcc 的
依赖包
   警告: gcc-4.8.5-16.el7.x86_64.rpm: 头 V3 RSA/SHA256 Signature, 密钥 ID
fd431d51: NOKEY
   错误: 依赖检测失败:
        cpp = 4.8.5-16.el7 被 gcc-4.8.5-16.el7.x86_64 需要
        glibc-devel >= 2.2.90-12 被 gcc-4.8.5-16.el7.x86_64 需要
        libmpc.so.3()(64bit) 被 gcc-4.8.5-16.el7.x86_64 需要
[root@ksu Packages]# rpm -ivh libmpc-1.0.1-3.el7.x86_64.rpm   #安装 libmpc
软件包
   [root@ksu Packages]# rpm -ivh cpp-4.8.5-16.el7.x86_64.rpm      #安装 cpp 软件包
   [root@ksu Packages]# rpm -ivh glibc-devel-2.17-196.el7.x86_64.rpm  #列出
glibc-devel 的依赖包
   警告: glibc-devel-2.17-196.el7.x86_64.rpm: 头 V3 RSA/SHA256 Signature, 密钥
ID fd431d51: NOKEY
```

```
错误: 依赖检测失败:
    glibc-headers 被 glibc-devel-2.17-196.el7.x86_64 需要
    glibc-headers = 2.17-196.el7 被 glibc-devel-2.17-196.el7.x86_64 需要
[root@ksu Packages]# rpm -ivh glibc-headers-2.17-196.el7.x86_64.rpm
警告: glibc-headers-2.17-196.el7.x86_64.rpm: 头 V3 RSA/SHA256 Signature, 密
钥 ID fd431d51: NOKEY
错误: 依赖检测失败:
    kernel-headers 被 glibc-headers-2.17-196.el7.x86_64 需要
    kernel-headers >= 2.2.1 被 glibc-headers-2.17-196.el7.x86_64 需要
[root@ksu Packages]# rpm -ivh kernel-headers-3.10.0-693.el7.x86_64.rpm
[root@ksu Packages]# rpm -ivh glibc-headers-2.17-196.el7.x86_64.rpm
[root@ksu Packages]# rpm -ivh glibc-devel-2.17-196.el7.x86_64.rpm
[root@ksu Packages]# rpm -ivh gcc-4.8.5-16.el7.x86_64.rpm
```

4.3　TAR 包管理

4.3.1　TAR 包命令

TAR 是 Linux 系统上的一种标准的文件打包格式。使用 tar 命令可以实现 TAR 包的创建和恢复，生成的 TAR 包文件扩展名为.tar。该命令可将多个文件打包成一个文件，而不进行压缩操作。tar 命令可以配合其他压缩命令（如 gzip 和 bzip2），实现对 TAR 包的压缩和解压缩。

gzip 是一种文件压缩程序的简称，文件扩展名为.gz，具有压缩速度快，效率高等优点，但是不支持文件切片处理。bzip2 采用了一种高质量的数据压缩技术，是能够把普通的数据文件压缩 10%～15%的高质量无损数据压缩软件，文件扩展名为.bz2，具有压缩率高以及可以切片操作文件的优点，但是压缩和解压缩速度慢。两者的区别在于，后者比前者的压缩率高，但是压缩文件要花费比前者更多的时间。

tar 命令的语法格式为 tar　[选项]　文件名。

常用的选项参数如下：

-c：创建一个归档文件。

-x：从归档中释放文件。

-t：列出归档文件内容。

另外，还可以配合辅助功能参数，如-z 表示.gz 文件的压缩操作，-j 表示.bz2 文件的压缩操作，-c 表示指定文件名，-v 表示显示操作过程，-h 表示以哈希标记，-f 表示指定文件名，-C 表示用于释放文件到指定目录。常用的 TAR 包命令如下：

（1）创建 TAR 包

命令语法为 tar　-cvf　tar 包文件名　　文件或目录。

例如，将/test 目录下的文件打包为 test.tar，实现过程如下：

```
[root@ksu ~]# mkdir  /test  /test1  /test2
[root@ksu ~]# cd  /test
[root@ksu test]# touch  file  file1   file2
[root@ksu /]# tar  -cvf  file.tar  file*
```

（2）创建压缩的 TAR 包

命令格式为 tar -[z | j]cvf 压缩的 TAR 包文件名 要备份的文件或目录。

例如，把/test 目录下的文件打包并压缩为 file.tar.gz，实现命令为：

```
[root@ksu /]# tar  -zcvf  file.tar.gz  file*
```

若要把/test 目录下的文件打包并压缩为 file.tar.bz2，实现命令为：

```
[root@ksu /]# tar  -jcvf  file.tar.bz2  file*
```

（3）查询 TAR 包

命令格式为 tar -[z | j]tf tar 包文件名。

其中，-z 和-j 参数与.gz 和.bz2 文件对应。若无-z 和-j 参数，则表示 TAR 格式的包，-t 指查询的 TAR 包，-f 为指定的文件名。

例如，查询（1）、（2）中的 TAR 包，命令如下：

```
[root@ksu /]# tar  -tf  file.tar
[root@ksu /]# tar  -ztf  file.tar.gz
[root@ksu /]# tar  -jtf  file.tar.bz2
```

（4）释放 TAR 包

命令格式为 tar -[z|j]xvf 解压的 TAR 包文件名。

其中，-x 参数代表释放，如果后面没有解压的目录，则默认解压到当前文件所在的目录下。如果要解压到某一个指定目录下，则需要配合"-C"指定目录。

例如，释放（1）、（2）中的 TAR 包，实现过程如下：

```
[root@ksu /]# tar  -xvf  file.tar
[root@ksu /]# tar  -zxvf  file.tar.gz  -C  /test1      #将 file.tar.gz 解压到
/test1 目录下
[root@ksu /]# tar  -jxvf  file.tar.bz2  -C  /test2      #将 file.tar.bz2 解压
到/test2 目录下
```

4.3.2 压缩命令

1. gzip 命令

命令格式为 gzip   [参数]   文件或目录。

该命令可压缩及解压缩文件。无选项参数时执行压缩操作，压缩后产生.gz 压缩文件，并删除源文件。主要选项参数如下：

-d：解压缩文件，功能同 gunzip 命令。

-r：参数为目录时，按照目录结构递归压缩目录中的文件。

-v：显示文件的压缩比例。

例如，采用 gzip 命令压缩/test 目录下的文件，实现过程如下：

```
[root@ksu ~]# mkdir /test
[root@ksu ~]# cd /test
[root@ksu test]# touch file file1 file2 file3
[root@ksu test]# gzip file*
[root@ksu test]# ll
[root@ksu test]# gzip -d file*
```

2. bzip2 命令

命令格式为 bzip2 [参数] 文件或目录。

该命令可压缩及解压缩文件。无选项参数时执行压缩操作，压缩后产生.bz2 压缩文件，并删除源文件。主要选项参数如下：

-d：解压缩文件，功能同 bunzip2 命令。

-v：显示文件的压缩比例。

例如，采用 bzip2 命令压缩/test 目录下的文件，实现过程如下：

```
[root@ksu test]# bzip2 file*
[root@ksu test]# ll
[root@ksu test]# bzip2 -d file*
```

3. zip 和 unzip 命令

zip 的命令格式为 zip [参数] 压缩文件 文件列表。

将多个文件打包压缩，生成.zip 文件。主要选项参数如下：

-m：压缩后删除源文件。

-r：按目录结构递归压缩目录中的所有文件。

unzip 的命令格式为 unzip [参数] 压缩文件。

解压缩扩展名为.zip 的文件。主要选项参数如下：

-l：查看压缩文件所包含的文件，L 的小写。

-t：测试压缩文件是否已损坏。

-d 目录名：指定解压缩的目录。

例如，采用 zip 命令压缩/test 目录下的文件，实现过程如下：

```
[root@ksu test]# zip -m file.zip file*
[root@ksu test]# ll
[root@ksu test]# unzip -t file.zip
[root@ksu test]# unzip file.zip -d /test3
```

4.4 YUM 软件包管理

4.4.1 YUM 概述

由于 RPM 在安装软件包时需要考虑软件包之间的依赖性，即要安装 A 软件，但是编译时告知 A 软件安装之前需要安装 B 软件，而当安装 B 软件时，又告知需要安装 Z 库，好不容易安装好 Z 库，发现版本还有问题。由于历史的原因，RPM 软件包管理系统对软件之间的依存关系没有内部定义，造成安装 RPM 软件时出现令人无法理解的软件依赖问题。

其实，开源社区早就尝试对这个问题进行解决了，不同的发行版本推出了各自的工具，比如 Yellow Dog 的 YUM（Yellow dog Updater Modified），以及 Debian 和 APT（Advanced Packaging Tool）等。开发这些工具的目的在于解决安装 RPM 软件包时出现的依赖性问题，而不是额外建立一套安装模式。这些软件也被开源软件爱好者逐渐移植到了其他发行版本上。

YUM 最早由 Yellow dog 发行版的开发者 Terra Soft 研发，后经杜克大学的 Linux@Duke 开发团队进行改进，遂有此名。YUM 服务器提供的软件包包括 RedHat、CentOS、Fedora 等发行版自身的软件包，以及 Linux 开源社区共同维护的软件包。这些软件包都属于自由软件，为了保护系统的安全，所有的软件包都有一个独立的 GPG 签名。YUM 服务器使用一种资源库（Repository）的方法来管理应用程序之间的相互关系，根据计算出来的依赖关系从指定的服务器自动下载 RPM 包，进而执行安装和升级操作，可以自动处理依赖性关系，并且一次安装所有依赖的软体包，无须烦琐地一次次下载、安装。YUM 使用起来方便灵活，具有如下特点：

- 自动解决包的依赖性问题，能够方便地添加、删除和更新 RPM 包。
- 便于管理大量系统的更新问题。
- 可以同时配置多个仓库（Repository）。
- 简洁地配置文件（/etc/yum.conf）。
- 保持与 RPM 数据库的一致性。
- 有一个比较详细的日志（/var/log/yum.log），可以查看何时安装了哪些软件包等。

YUM 是一款 Shell 前端软件包管理工具，该工具以 RPM 包头（Header）写入的依赖信息为依据，列出需要安装的以满足欲安装软件正常运行的所有依赖包，并在用户确认后进行自动安装。YUM 服务器上存放了所有的 RPM 软件包，然后以相关的功能去分析每个 RPM 文件的依赖性关系，并将这些数据记录成文件存放在服务器的某特定目录内。

为了使用 YUM 客户端工具，需要提前设置好 YUM 资源库的有关选项，然后才能使用 yum 命令操作系统中的 RPM 软件包。在 Linux 系统安装完成后，会生成 YUM 管理文件，另外，YUM 源的管理文件一般存放在/etc/yum.repos.d 目录下。在执行 yum 命令时，YUM 客户首先会以 file://、http://或 ftp://的方式从/etc/yum.repos.d 下的.repo 文件中获取软件的仓库数据，通过访问 YUM 仓库文件完成软件包查询、下载、安装、更新和删除等操作。

4.4.2　YUM 常用命令

1. 安装软件包

安装 RPM 软件包，其命令语法为 yum　install　软件包名。

例如，安装 vsftpd 软件包，实现命令如下：

```
[root@ksu Packages]# yum install vsftpd-3.0.2-22.el7.x86_64.rpm
```

2．查询软件包

命令语法：yum　info　软件包名

该命令查询 RPM 软件包信息。

命令语法：yum　groupinfo　软件包名。

该命令查询 RPM 软件包集信息。

例如，查询 vsftpd 软件包的信息，实现命令如下：

```
[root@ksu ~]# yum info vsftpd
已加载插件: langpacks, product-id, search-disabled-repos, subscription-
manager
This system is not registered with an entitlement server. You can use
subscription-manager to register.
已安装的软件包
名称    : vsftpd
架构    : x86_64
版本    : 3.0.2
发布    : 22.el7
大小    : 348 k
源    : installed
简介    :  Very Secure Ftp Daemon
网址    : https://security.appspot.com/vsftpd.html
协议    :  GPLv2 with exceptions
描述    :  vsftpd is a Very Secure FTP daemon. It was written completely from
        : scratch.
```

3．升级软件包

命令语法：yum　update　软件包名。

该命令表示升级指定的软件包。例如，yum　update　gcc。

升级所有的软件包，采用命令 yum　update。

4．卸载软件包

命令语法：yum　remove　软件包名。

该命令表示卸载指定的软件包。

例如，yum　remove　gcc。

5．列出所有可安装的软件包

命令语法：yum　list　　<软件包名>。

该命令表示列出所有可安装的软件包清单。

例如，列出可以安装的 gcc 软件包清单，实现命令如下：

```
[root@ksu yum.repos.d]# yum list gcc
已加载插件: langpacks, product-id, search-disabled-repos, subscription-manager
```

```
This system is not registered with an entitlement server. You can use
subscription-manager to register.
```
已安装的软件包
```
gcc.x86_64                            4.8.5-16.el7
```

6．清除缓存命令

命令语法：yum clean 软件包名。

该命令表示清除缓存目录下的软件包。

yum clean headers：表示清除缓存目录下的 headers。

yum clean oldheaders：表示清除缓存目录下旧的 headers。

yum clean all：表示清除缓存目录下的软件包及旧的 headers。

4.4.3 YUM 配置文件

1．/etc/yum.conf 配置文件

该文件存放了所有 YUM 仓库的基本配置参数，用户可以向其中添加许多附加选项，其中设置的选项值会影响 YUM 的操作方式。下面介绍/etc/yum.conf 配置文件的模板。

```
[root@ksu yum.repos.d]# cat /etc/yum.conf
[main]
cachedir=/var/cache/yum/$basearch/$releasever  #YUM下载的RPM包的缓存目录
keepcache=0                      #缓存是否保存，设置为1时，YUM在成功安装软件包之后保
#留缓存的头文件和软件包。默认值为0，表示不保存
debuglevel=2                     #设置日志记录登记（0~10），数值越高，记录的信息越多。
#2号级别表示只记录安装和删除过程
logfile=/var/log/yum.log         #设置日志文件路径
exactarch=1                      #更新时是否允许更新不同版本的RPM包
obsoletes=1                      #相当于upgrade，允许更新陈旧的RPM包
gpgcheck=1                       #是否进行gpg校验，1为进行校验，0为不校验
plugins=1                        #是否允许使用插件，0为不允许，1为允许
installonly_limit=3              #允许保存多少个内核包
```

2．配置 YUM 仓库

YUM 使用仓库配置文件（文件名以.repo 结尾）配置仓库的镜像站点地址等配置信息。RHEL 7 在/etc/yum.repos.d 目录下存放 YUM 仓库配置文件。默认情况下，该目录为空，用户需要自行创建以.repo 结尾的文件，配置命令如下：

```
[repositoryid]                          #指定一个仓库
name=Some name for this repository      #仓库名称
baseurl=url://server1/path/to/repository/  #设定仓库的 URL，可以是 http://、
ftp://、file://
      url://server2/path/to/repository/
      url://server3/path/to/repository/
```

```
mirrorlist=url://path/to/mirrorlist/repository/        #指定仓库的镜像站点
enabled=0|1                        #是否启用本仓库,1为开启,0为关闭
gpgcheck=0|1                       #是否进行gpg签名检查,1为检查,0为不检查
gpgcheck=A URL pointing to the ASCII-armoured GPG key file for the
repository
#如果gpg签名为不检查,那么这里就省略,如果检查就需要配置
```

3. 应用示例

（1）使用 file:// 作为本地仓库

例 4.1 使用光盘作为本地仓库安装 gcc 软件包。

```
[root@ksu ~]# mount /dev/sr0 /mnt
[root@ksu ~]# vi /etc/yum.repos.d/rhel7.repo
[name]
name=rhel7
baseurl=file:///mnt                        #使用file协议,指定路径为/mnt
enabled=1
gpgcheck=0
[root@ksu ~]# cd /mnt/Packages
[root@ksu Packages]# yum install gcc-* -y
```

gcc 编译器安装完毕之后，读者就可以使用 vi 编辑器编写 C 语言程序以及其他程序进行 Linux 下的程序开发了。

（2）使用 http:// 作为 YUM 仓库

国内用户可以使用国内的镜像站点，作为 YUM 仓库的路径。表 4-2 列出了国内常用的镜像站点。

表 4-2　国内常用的镜像站点（HTTP）

名　　称	地　　址	名　　称	地　　址
网易	https://mirrors.163.com/	清华大学	https://mirrors.tuna.tsinghua.edu.cn/
搜狐	http://mirrors.sohu.com/	中国科技大学	https://mirrors.ustc.edu.cn/
阿里云	https://mirrors.alibaba.com/	浙江大学	https://mirrors.ztu.edu.cn/
首都在线科技	http://mirrors.yun-idc.com/	华中科技大学	http://mirrors.hust.edu.cn/

例 4.2 采用 HTTP 镜像站点，安装 vsftpd 软件包。

```
[root@ksu ~]# vi /etc/yum.repos.d/rhel7.repo
[name]
name=rhel7
baseurl=http://mirrors.sohu.com/centos/7.6.1810/os/x86_64
enabled=1
gpgcheck=0
[root@ksu ~]# yum install vsftpd.x86_64
```

（3）使用 ftp:// 作为 YUM 仓库

在（1）、（2）的基础上搭建 FTP 服务器，采用 FTP 作为 YUM 仓库，用户也可以从网

络上获取安全的 FTP 镜像站点。

例 4.3 采用 FTP 镜像站点，安装 httpd 软件包。

```
[root@ksu ~]# systemctl start vsftpd.service
[root@ksu ~]# systemctl stop firewalld.service
[root@ksu ~]# mount /dev/sr0 /var/ftp
[root@ksu ~]# vi /etc/yum.repos.d/rhel7.repo
[name]
name=rhel7
baseurl=ftp://192.168.10.3
enabled=1
gpgcheck=0
[root@ksu ~]# yum install httpd.x86_64
```

习题 4

4.1 分别从临时生效和长期生效两方面将主机名修改为 ksu123.localdomain。

4.2 配置 Linux 虚拟机 ens33 接口 IP 地址为 192.168.10.10/24，DNS 地址为 218.195.192.73。

4.3 查询 vsftpd 软件包是否已经安装，以及包含的文件列表。

4.4 将/var 目录下的所有内容打包为 var.tar.gz，并把该打包文件解压到/test 目录下。

4.5 什么是 RPM？常用的 rpm 命令有哪些？

4.6 什么是 YUM？常用的 yum 命令有哪些？YUM 与 RPM 工具有哪些区别？

4.7 采用 YUM 工具安装 FTP 服务（软件包为 vsftpd-3.0.2-22.el7.x86_64.rpm），YUM 源采用本地光盘。

4.8 采用 YUM 工具安装 FTP 服务（软件包为 vsftpd-3.0.2-22.el7.x86_64.rpm），YUM 源采用 FTP 仓库。配置 YUM 源文件，软件源位于 ftp://192.168.10.3 路径下。

4.9 命令解释。

（1）# tar -cvf file.tar /test/file*

（2）# tar -zcvf file.tar.gz /test/fille*

（3）# tar -zxvf nginx-1.8.0.tar.gz

（4）# unzip Discuz_X3.0_SC_UTF8.zip

（5）# rpm -qa | grep vsftpd

（6）# rpm -qi vsftpd

（7）# rpm -qf /etc/passwd

（8）# rpm -ivh vsftpd-2.2.2-11.el6.i686.rpm

（9）# rpm -Uvh vsftpd-2.2.2-11.el6.i686.rpm

（10）# yum install lrzsz-0.12.20-36.el7.x86_64.rpm

4.10 诊断并排除网络故障，以某一台计算机不能访问 Internet 上的某一个站点为例说明网络故障的排除过程。

第 5 章　Shell 脚本编程

Shell 作为用户与操作系统的交互接口，为用户隐藏了大量的操作系统底层细节，从而提供了一个良好的操作界面。编写 Shell 脚本，可以将若干条简单命令组合在一起，用于实现更加强大的功能。本章首先介绍 Shell 脚本编程的基本内容，然后对控制流程、循环以及函数和数组进行讲解，并给出了应用案例。

5.1　Shell 编程基础

5.1.1　Shell 简介

Shell 的主要功能有两个，第一个是作为命令解释器，另外一个是作为高级程序设计语言。用户可以将一些命令预先存放在文件中，方便一次性执行，通常把 Shell 编写的文件称为 Shell 脚本程序。Shell 脚本程序可以用来进行追踪以及自动化管理系统、预防网络入侵等。另外，具有单一连续命令执行、简易数据处理和跨平台支持的特性，在网络管理中发挥着重要作用。

Shell 作为用户与操作系统的交互接口，从界面风格上可划分为命令行界面（CLI，如 bash、zsh 等）和图形界面（GUI，如 KDE、GNOME 等）。对于网络管理员来说，Shell 通常指的是命令行界面，其不仅可以接收用户输入的执行特定功能的程序，也具有变量、循环、分支等编程语言的特性。

对 Shell 脚本的编辑没有具体的工具限制，读者可以选择喜欢的文本编辑工具进行编码，但需要注意以下几点（否则脚本可能无法正确执行）：

- 使用 Unicode 编码进行 Shell 脚本的编辑，需注意编码必须为无 BOM 的 Unicode 编码。
- Shell 脚本的换行风格必须为 UNIX 换行风格（行尾以\n 结束）。

通常来说，Shell 的执行方式可分为交互式（立即执行输入的命令）和批处理方式（又称 Shell 脚本，可以理解为命令的集合）。鉴于 bash 的广泛使用，本章采用 Linux 系统默认的 Shell 版本 bash 作为讲解对象。

5.1.2　管道和重定向

Linux 系统中的进程启动时，默认会打开三个文件描述符（可看作进程与某些设备和文件的关联序号），用于提供程序对外交互的通道，分别为标准输入（STDIN，文件描述符 0）、标准输出（STDOUT，文件描述符 1）和标准错误（STDERR，文件描述符 2）。通常对于交互式 Shell 来说，标准输入对应的是键盘，标准输出和标准错误输出对应的是显示器。

对于大部分程序来说，都是从 STDIN 接收用户的输入，然后将程序的执行结果输出到 STDOUT，错误信息输出到 STDERR，如果要将特定的输入传到程序中，或是将特定的结果输出到指定的设备和文件，就需要进行输入和输出的重定向，在 Shell 中提供了<、<<、>和>>命令，用于输入/输出的重定向。

> 命令会替换程序的标准重定向至某个文件，当需要替换标准错误时则需要 2> 命令进行替换，>> 会将命令的输出附加至重定向的文件。重定向命令的使用方法有以下几种。

（1）将 echo 命令的标准输出重定向至文件 1.txt

```
# echo hello,shell > 1.txt
```

（2）将 cat 命令的输入重定向至 1.txt

```
# cat < 1.txt
hello,shell
```

（3）将 echo 的标准输出以附加输出重定向到文件 1.txt 中

```
# echo hello >> 1.txt
# cat 1.txt
hello
```

（4）标准错误重定向

使用非 root 账户执行下面的命令，用于查找/proc 下的 core 文件或目录，命令如下：

```
# find /proc -name core
...
```

命令的输出中可能存在大量权限不足的错误提示，如果要把输出的错误信息屏蔽，可以使用"2> /dev/null"命令将 find 的错误重定向至伪设备/dev/null 中，实现过程如下：

```
# find /proc -name core 2> /dev/null
```

5.1.3 变量

Shell 中变量的声明没有任何的标记，但在访问变量时需要指定"$"前缀来标记变量的引用。变量定义和赋值有以下几种形式。

（1）字符串赋值，采用"$"引用

```
# name="shell"    #需要注意的是，"="的左右不能有空格，否则 Shell 会将其视为命令
# echo "hello,$name"
hello,shell!
```

（2）字符串赋值，采用花括号引用

```
# name="shell"
# echo "hello,${name}"
```

（3）将字符串当成命令执行

直接引用字符串命令结果，或者将程序执行结果赋值给变量。

```
# echo "kernel version: 'uname -r'"                              #方法 1
kernel version: 3.10.0-1062.1.2.el7.x86_64
```

```
# echo "kernel version: $(uname -r)"                          #方法 2
kernel version: 3.10.0-1062.1.2.el7.x86_64
# kernel_version='uname -r'
# kernel_version=$(uname -r)
```

（4）位置变量

在 Linux 中，某些命令中可以通过命令行参数进行程序的参数传递，在 bash 脚本中可以通过位置变量来访问命令行所传递的参数，表 5-1 列出了 bash 可识别的位置参数变量。

表 5-1　bash 可识别的位置参数变量

位置参数变量	说　　明
$n	n 表示数字，其中 0 表示脚本的执行路径，当 n 大于 9 时，需要使用花括号将 n 引用（如访问位置参数中第 10 个元素：${10}）
$*	所有参数列表，当使用引号修饰后，所有位置变量将接收为字符串
$@	所有参数列表，当使用引号修饰后，其含义不变
$#	位置参数的个数

例 5.1　打印脚本的脚本名、传入的参数个数和前两个参数。

```
[root@ksu ~]# cat script1.sh
#!/bin/bash
echo "脚本名: $0, 参数个数: $#"
echo "参数 1: $1"
echo "参数 2: $2"
[root@ksu ~]# chmod +x script1.sh  1 2
[root@ksu ~]# ./script1.sh
脚本名: ./script1.sh, 参数个数: 2
参数 1: 1
参数 2: 2
```

5.1.4　执行 Shell 脚本程序

要执行 Shell 脚本程序，需要事先编写 Shell 脚本程序。下面以 firt_shell_script.sh 脚本为例介绍创建和执行过程。需要注意的是，本章的内容不限于 Shell 批处理模式，也可用在 Shell 交互模式下。

1. 创建 firt_shell_script.sh 脚本程序

```
#!/bin/bash
name=shell                          #声明变量
echo hello,$name                    #打印变量
```

该脚本程序的内容格式说明如下：

- #!/bin/bash：指定执行当前脚本的解释器（脚本的首行必须以 #! 开头，后面为 Shell 解释器路径）。

- name=shell：声明变量，将 shell 赋值给变量 name。
- echo hello,$name：执行 echo 命令，打印变量。

2．执行 firt_shell_script.sh 脚本程序

Shell 脚本程序执行方法有以下四种：

（1）切换到脚本所在的目录（即相对路径）执行

```
# chmod +x firt_shell_script.sh
# ./firt_shell_script.sh
```

（2）以绝对路径的方式执行（假定脚本 firt_shell_script.sh 存放在/tmp 目录下）

```
# chmod +x /tmp/firt_shell_script.sh
# /tmp/firt_shell_script.sh
```

（3）使用 bash 或者 sh 命令执行（也存在相对路径和绝对路径两种执行方式，下面使用相对路径举例）

```
# bash firt_shell_script.sh
hello,shell
# sh firt_shell_script.sh
hello,shell
```

（4）在当前的 Shell 环境中执行

```
# source firt_shell_script.sh
```

5.2 控制流程

与其他编程语言类似，Shell 也支持控制流程，提供 if 语句和 case 语句两种方式。

5.2.1 if 语句

if 语句的基本语法格式如下：

```
if 分支条件1 ; then
    分支 1
elif 分支条件2 ; then
    分支 2
else
    分支 3
fi
```

在 if 语句中，只会执行满足分支条件的那一个分支。如果所有分支条件均不成立，则会进入 else 分支（如果存在），这里需要注意的是，其中的分支条件必须为一条可执行的命令（if 语句通过命令的返回值来判断分支是否成立）。另外，if 语句提供短格式，这种格式在脚本编写中也应用广泛。

例 5.2 编写 if1.sh 脚本，利用 if 语句查看 85 分对应的成绩输出等级。

```
[root@ksu ~]# cat if1.sh
```

```
#!/bin/sh
score=85
if [ $score -lt 60 ] ; then
      echo "D"
elif [ $score -lt 75 ] ; then
      echo "C"
elif [ $score -lt 85 ] ; then
      echo "B"
else
      echo "A"
fi
[root@ksu ~]# chmod +x if1.sh
[root@ksu ~]# ./if1.sh
A
```

例 5.3　编写 if2.sh、if3.sh 短格式脚本，返回 "/etc is directory."。

（1）if2.sh 脚本

```
if [ -d /etc ] ; then
      echo "/etc is directory."
fi
```

（2）if3.sh 脚本

```
[ -d /ect ] && echo "/etc is directory."
```

以上两个脚本的执行结果均为/etc is directory.。

在 if2.sh 和 if3.sh 脚本的 if 语句中均存在 "[]" 这个命令，该命令被称为比较测试命令，用于测试某些逻辑条件是否成立。该命令的具体格式为[<测试条件>]，其中，测试条件的左右必须留空，测试条件从功能上可分为比较测试和文件测试。

（1）比较测试

比较测试又可细分为字符串测试和数值测试，具体的测试方法见表 5-2。

表 5-2　比较测试方法

字　符　串	数　　　值	成　立　条　件
x = y（等号两侧有空格）	x -eq y	x 等于 y
x != y	x -ne y	x 不等于 y
x < y	x -lt y	x 小于 y
不适用	x -le y	x 小于或等于 y
x > y	x -gt y	x 大于 y
不适用	x -ge y	x 大于或等于 y
-n x	不适用	x 不为空
-z x	不适用	x 为空

（2）文件测试

bash 中的测试条件除了支持比较测试外，还支持文件测试，具体的测试方法见表 5-3。

表 5-3   文件测试方法

运 算 符	成 立 条 件
-d file	file 存在且为目录
-e file	file 存在
-f file	file 存在且是普通文件
-r file	用户有 file 的读权限
-s file	file 存在且不为空
-w file	用户具有 file 的写权限
-x file	用户具有 file 的执行权限

5.2.2   case 语句

case 语句的语法格式如下：

```
case <变量> in
    匹配模式1)
    分支1
    ;;
    匹配模式2)
    分支2
    ;;
    *)
    当上述分支均不匹配时执行该分支
    ;;
esac
```

case 语句与 C 语言中的 switch 语句类似，但是 C 语言中的 switch 匹配的是数值和字符类型，而 Shell 中的 case 语句匹配的是字符串、通配符及正则表达式。

例 5.4   编写 case.sh，利用 case 语句查看输入内容对应的返回内容。

```
[root@ksu ~]# cat case.sh
#!/bin/bash
read -p "请输入 yes 或 no: "YES_OR_NO          #从键盘读入输入，-p 为提示符
case $YES_OR_NO in
    yes|YES)                                   #匹配 yes 或 YES 字符串
        echo $YES_OR_NO
    ;;                          #需要注意的是，每个 case 匹配块都需要 ";;" 做结束标志
    no|NO)                                      #匹配 no 或 NO 字符串
        echo $YES_OR_NO
    ;;
    *)  #*表示上述分支均不匹配，执行下面的分支
        echo "输入不为 yes 或 no"
    ;;
esac
```

```
[root@ksu ~]# ./case.sh
请输入 yes 或 no: yes
yes
[root@ksu ~]# ./case.sh
请输入 yes 或 no: NO
NO
[root@ksu ~]# ./case.sh
请输入 yes 或 no: y
输入不为 yes 或 no
```

5.3　循环

循环通常用于处理一些需要重复的操作，Shell 提供了 for、while 及 until 三种循环语句。

5.3.1　for 循环

for 循环的语法格式如下：

```
for <var> in <值列表> ; do
    循环体
done
```

其中，值列表有以下几种形式（除特殊说明外，下面的 Shell 脚本均通过交互模式执行）。

1. 枚举值

如果是枚举值，则在执行的时候，变量依次取表中各字符串的值并输出。

例 5.5　将指定的城市名称循环依次输出。

```
[root@ksu ~]# cat for1.sh
#!/bin/bash
for city in "乌鲁木齐" "吐鲁番" "喀什"; do        #每个枚举值以空格或换行作为分隔符
    echo $city 市
done
[root@ksu ~]# chmod +x for1.sh
[root@ksu ~]# ./for1.sh
乌鲁木齐市
吐鲁番市
喀什市
```

2. 迭代

在 for 循环中，bash 提供了迭代来支持生成特定规律的值序列，迭代的语法格式如下：

```
{起始值..结束值<..生成步进>}        #生成步进为可选项
```

下面通过一个实际应用的脚本（batch_ping.sh）来说明迭代器的使用。

例 5.6 迭代 ping 命令测试本机到 192.168.10.0/24 网段中主机之间的联通性。

```
[root@ksu ~]# cat batch_ping.sh
#!/bin/bash
PREFIX="192.168.10."         #这里读者需要替换为相应的网段
MAX_HOST=254                 #由于 PREFIX 为 C 类网段，其最大主机地址为 254
for host in {1..254} ; do
    echo -n "ping ${PREFIX}${host} "
    ping -c 1 ${PREFIX}${host} 2>&1 > /dev/null
#将错误提示合并到标准输出，并定向到/dev/null
    if [ "$?" -eq "0" ] ; then           #如果状态值返回 "0"，表示连接成功
        echo "success."
    else
        echo "failed."
    fi
done
[root@ksu ~]# chmod +x batch_ping.sh
[root@ksu ~]# ./batch_ping.sh
ping 192.168.10.1 success.
ping 192.168.10.2 success.
ping 192.168.10.3 success.
ping 192.168.10.4 failed.
...
```

3. 文件

for 循环还可以对文件进行遍历，变量依次取值为指定目录下与文件表达式相匹配的文件名，每取值一次就进入循环体一次，直到所有匹配的文件名遍历完毕。

例 5.7 将/etc 目录下的所有子目录打印到终端上。

```
[root@ksu ~]# cat for3.sh
#!/bin/bash
for elem in /etc/* ; do
    [ -d "$elem" ] && echo $elem
done
[root@ksu ~]# chmod +x for3.sh
[root@ksu ~]# ./ for3.sh
/etc/abrt
/etc/akonadi
...
```

本例采用文件列表作为一个值列表，将其放入 for 语句中参与循环。同时，也可以将命令行的输出结果作为一个值列表。

例 5.8 列出/etc 目录下所有的文件或目录。

```
[root@ksu ~]# cat for4.sh
#!/bin/bash
```

```
for elem in $(ls /etc) ; do
    echo $elem
done
[root@ksu ~]# chmod +x for4.sh
[root@ksu ~]# ./for4.sh
abrt
adjtime
...
```

4．C 语言风格的 for 循环

bash 提供了一种类似 C 语言风格的循环，其语法格式如下：

```
for ((语句1; 语句2;语句3 )) ; do
    循环体
done
```

通常语句 1 用于循环变量的声明或初始化（该语句可为空）；语句 2 为测试表达式（为空时表示测试表达式返回结果为永真）；语句 3 在每次循环体执行完后执行，所以一般为循环变量的递增和递减操作。

例 5.9　采用 for 循环计算 1+2+3+…+100 的和。

```
[root@ksu ~]# cat sum.sh
#!/bin/bash
sum=0
for ((i = 1 ; i <= 100 ; i++)); do
    ((sum = sum + i))
done
echo "1+2+3+…+100="${sum}
[root@ksu ~]# chmod +x sum.sh
[root@ksu ~]# ./sum.sh
1+2+3+…+100=5050
```

5.3.2　while 循环

while 循环的语法格式如下：

```
while <测试表达式> ; do
    循环体
done [重定向操作]
```

在 while 循环中，当测试表达式的值为真时，则进入循环，执行循环体，直至测试表达式的值为假退出循环。

例 5.10　采用 while 循环计算 1+2+3+…+100 的和。

```
[root@ksu ~]# cat while.sh
#!/bin/bash
i=1
```

```
sum=0
while (( i <= 100 ))
do
     (( sum = sum + i ))
     (( i++ ))
done
echo "1+2+3+…+100="${sum}
[root@ksu ~]# chmod +x test.sh
[root@ksu ~]# ./test.sh
1+2+3+…+100=5050
```

5.3.3 until 循环

until 循环的语法格式如下:

```
until <测试表达式> ; do
     循环体
done [重定向操作]
```

在 until 循环中,当测试表达式的值为假时,进入循环,执行循环体,直至测试表达式的值为真退出循环。

例 5.11 采用 until 循环计算 1+2+3+…+100 的和。

```
[root@ksu ~]# cat until.sh
#!/bin/bash
i=1
sum=0
until (( i <= 100 ))
do
     (( sum = sum + i ))
     (( i++ ))
done
echo "1+2+3+…+100="${sum}
[root@ksu ~]# chmod +x until.sh
[root@ksu ~]# ./until.sh
1+2+3+…+100=0
```

从 while 和 until 的语法中可以看出,两种循环在关键字上有所不同,其所表示的含义是相反的。对于 while 循环,当测试表达式的值为真时才执行循环体;而对于 until,当测试表达式的值为假时才执行循环体。这里有以下两点需要注意:

- 与 if 语句一样的是,while 和 until 同样也是通过命令的返回值来判断是否需要执行循环体。
- while 和 until 支持重定向操作。

5.4　函数及数组

5.4.1　函数

函数可以看成是一段通用脚本的集合，bash 中的函数语法格式如下：

```
function 函数名[()]                 #函数名后的圆括号可以不要
{
    函数体
    [return <函数返回值, 0~255>;] #return 语句可选，其值范围为 0~255
}
```

对于函数来说，其参数通过内置变量$n（n 为整数）进行访问。如果存在返回值，则可用$?进行访问。

例5.12　两数求和。

```
[root@mail ~]# cat function.sh
funWithReturn(){
    echo "这个函数会对输入的两个数字进行相加运算..."
    echo "输入第一个数字："
    read aNum
    echo "输入第二个数字："
    read bNum
    echo "两个数字分别为 $aNum 和 $bNum !"
    return $(($aNum+$bNum))
}
funWithReturn
echo "输入的两个数字之和为 $?!"
[root@mail ~]# ./function.sh
这个函数会对输入的两个数字进行相加运算...
输入第一个数字：
11
输入第二个数字：
12
两个数字分别为 11 和 12 !
输入的两个数字之和为 23 !
[root@mail ~]# ./test.sh                    #返回值大于 255 时，返回错误的结果
这个函数会对输入的两个数字进行相加运算...
输入第一个数字：
125
输入第二个数字：
231
两个数字分别为 125 和 231 !
```

输入的两个数字之和为 100 ！

5.4.2　数值计算

在 bash 中，所有的值均为字符串，所以"1"和 1 在 bash 中均被认为是字符串，通常除了处理字符串外还需要处理其他具体的数值，由于数值计算不是 bash 所擅长的，所以 bash 仅提供了有限的数值计算功能，如 let 命令。下面通过一个等差数列求和的 Shell 脚本来展示如何在 bash 中进行数值计算（如四则运算、逻辑及关系运算）。

例 5.13　1～100 的等差数列求和。

```
[root@mail ~]# cat qiuhe.sh
ans=0
for i in {1..100} ; do
    let ans+=I                          #let 命令用于指定算术运算
done
echo $ans
ans=0
for i in {1..100} ; do
    ans=$(($ans + $i))
done
echo $ans
[root@mail ~]# chmod +x qiuhe.sh
[root@mail ~]# ./qiuhe.sh
5050
5050
```

5.4.3　数组

数组是一个可以容纳多个值的变量集合，在 bash 中只支持一维数组。与 C 语言一样，bash 数组的索引是从 0 开始的。

例 5.14　数组的创建以及初始化。

```
[root@ksu ~]# cat array.sh
empty_array=()                          #声明一个空的数组
empty_array[1]=1                        #在数组的索引位 1 处插入值
echo ${empty_array[1]}                  #声明数组时初始化
#需要注意，在初始化数组时，元素使用空格进行分隔，如元素中存在空格，则需用引号
array=(a "a b" c)
echo ${#array[@]}                       #获取数组长度
var=("first" "second" "three")          #遍历数组
for str in ${var[@]}; do
echo $str
done
```

```
[root@ksu ~]# chmod +x array.sh
[root@ksu ~]# ./array.sh
1
3
first
second
three
```

习题 5

5.1　简述 Shell 的功能以及 Shell 脚本的执行方法。

5.2　Shell 的变量有哪几种类型？常见变量的引用方法有哪些？

5.3　利用 vi 编写如下 hello.c 程序，并在 Linux 环境下编译、运行。

```
void main()
{
    printf("hello Linux!\n");
}
```

5.4　编写 Shell 脚本程序，声明一个要猜的数字，在命令行中输入所猜的数字，进行如下比较：

（1）相等：退出循环。

（2）偏大或偏小：给出提示。

5.5　编写脚本测试 192.168.10.0/24 整个网段中的哪些主机处于开机状态，哪些主机处于关机状态。

5.6　编写 Shell 脚本，计算 1+2+3+…+200 的值。

第6章 SELinux 与防火墙

随着因特网的快速发展，网络安全问题日益突出，为了保护计算机不受外部网络的攻击和各种病毒、木马的入侵，通过在网络系统上使用硬件以及软件的手段，对数据包进行拦截、过滤等，以保障内部网络的安全。本章首先介绍 SELinux 技术，包括对自主访问控制以及强制访问控制进行说明，通过案例讲解文件以及进程的 SELinux 管理；其次，介绍防火墙技术，对网络区域进行说明；最后通过案例讲解 firewall-cmd 命令的语法及配置过程。由于在实际应用环境中很少用到图形界面 firewall-config，所以本章主要介绍命令行配置工具 firewall-cmd，有兴趣的读者可在 root 权限下运行 firewall-config 进行相应的学习。

6.1 SELinux

6.1.1 SELinux 概述

SELinux（Security Enhanced Linux）是美国国家安全局（NSA）对于强制访问控制（Mandatory Access Control，MAC）的实现。NSA 在 Linux 社区的帮助下开发了一种访问控制体系，在这种访问控制体系的限制下，指明某个进程可以访问哪些在它的任务中所需要的资源（如文件、网络端口等）。SELinux 默认安装在 Fedora 和 Red Hat Enterprise Linux 上，其他发行版本上也有提供。

使用 SELinux 的好处就是，它可以通过增强访问控制来限制用户程序访问的最低权限，另外还做了以下改进：

- 对内核对象和服务的访问控制。
- 对进程初始化、继承和程序执行的访问控制。
- 对文件系统、目录以及打开文件描述的访问控制。
- 对端口、信息和网络接口的访问控制。

传统的 Linux 操作系统并没有使用 SELinux，而是使用自主访问控制（DAC）机制来决定某一个资源是否能被访问。DAC 机制是一种允许授权用户改变客体访问控制属性的访问控制机制，即指明其他用户对某个资源是否拥有对应用户的权限（如读、写、执行）。对于 root 用户来说，系统上的任何资源都可以被无限制地访问，这对于系统安全控制来说是致命的。

SELinux 采用 LSM（Linux Security Modules）方式集成到 Linux 2.6 内核中，为 Linux 系统提供强制访问控制（MAC）机制。MAC 机制是一种对特定进程和文件执行权限的控制策略。在 MAC 机制下，决定一个资源是否被访问，除了看该程序是否具有对应用户的权限（如读、写、执行）外，还要判断进程是否拥有某一类资源的访问权限。针对系统中文件和进程较多的情况，SELinux 也提供了一些默认的策略，并在该策略内提供了多个控制规则，用户在使用时可以选择是否启用规则。

　　SELinux 依据服务类型制定基本的访问安全性策略，策略就是设置的规则（Rule），用来限定某个角色的用户可以访问哪些资源，哪个角色可以进入哪个域，以及哪个域可以访问哪些类型的资源等问题。RHEL 7 系统所有的策略文件和配置文件默认存放在/etc/selinux 目录下，提供的两个主要策略如下：

- targeted：针对网络服务的限制较多，针对本机的限制较少，是默认的策略。
- strict：完整的 SELinux 限制，在限制方面较为严格。

6.1.2　SELinux 的模式管理

　　在 Linux 2.6 内核及其高版本中，决定是否使用 SELinux 有三种选择，分别如下：

- 强制（enforcing）模式：违反访问许可的行为将被禁止。
- 警告（permissive）模式：SELinux 继续起作用，但是违反了访问许可，还是可以继续访问，一般应用在开发和排错阶段。
- 禁用（disabled）模式：SELinux 将不起作用。

例如，查看当前系统的 SELinux 状态。

```
[root@ksu ~]# sestatus
SELinux status:                 enabled
SELinuxfs mount:                /sys/fs/selinux
SELinux root directory:         /etc/selinux
Loaded policy name:             targeted
Current mode:                   permissive
Mode from config file:          enforcing
Policy MLS status:              enabled
Policy deny_unknown status:     allowed
Max kernel policy version:      28
```

输出说明如下：

SELinux 状态：enabled，即启动 SELinux。

SELinux 文件系统挂载点：/sys/fs/selinux。

SELinux 所在目录：/etc/selinux。

配置文件中的策略：targeted。

当前模式：permissive。

设定当前的模式：enforcing，即/etc/selinux/config 文件中指定的模式。

下面介绍 SELinux 模式之间的切换操作。

1．使用 getenforce 命令查看 SELinux 模式

命令语法为：

```
# getenforce
```

查看当前系统 SELinux 模式，应用示例如下：

```
[root@ksu ~]# getenforce
Permissive
```

2. 使用 setenforce 命令设置 SELinux 模式

命令语法为：

```
# setenforce [ Enforcing | Permissive | 1 | 0 ]
```

选项参数说明如下：

Enforcing：设置 SELinux 模式为强制模式。

Permissive：设置 SELinux 模式为警告模式。

1：设置 SELinux 模式为强制模式，强制模式对应的二进制为 1。

0：设置 SELinux 模式为警告模式，警告模式对应的二进制为 0。

设置系统的 SELinux 模式，应用示例如下：

```
[root@ksu ~]# setenforce permissive
[root@ksu ~]# getenforce
[root@ksu ~]# setenforce 1
[root@ksu ~]# getenforce
```

利用 setenforce 命令从强制模式切换到警告模式，SELinux 模式立刻生效。在系统重启之后，SELinux 模式将返回/etc/selinux/config 配置文件中设置的 SELINUX 值。

3. 修改/etc/selinux/config 配置文件，切换到禁用模式

应用示例如下：

```
[root@ksu ~]# vi /etc/selinux/config
SELINUX=enforcing                        #当前系统的 SELinux 模式
SELINUXTYPE=targeted                     #SELinux 默认执行的策略
```

可以将 SELINUX 值设置为 disabled，重启系统后生效。也可以将 SELINUX 值设置为 enforcing 或者 permissive。

6.1.3 文件的 SELinux 配置

1. 查看文件的安全值

在 Linux 系统中，所有的文件和进程都有一个安全值（Security Context），而 SELinux 就是通过安全值实现对文件和进程控制的。可以使用"ls -Z"命令查看当前目录下的文件安全值，应用示例如下：

```
[root@ksu ~]# ls  -Z  /
lrwxrwxrwx. root root system_u:object_r:bin_t:s0          bin -> usr/bin
dr-xr-xr-x. root root system_u:object_r:boot_t:s0         boot
drwxr-xr-x. root root system_u:object_r:device_t:s0       dev
drwxr-xr-x. root root system_u:object_r:etc_t:s0          etc
drwxr-xr-x. root root system_u:object_r:home_root_t:s0    home
lrwxrwxrwx. root root system_u:object_r:lib_t:s0          lib -> usr/lib
...
```

上面的标黑部分就是文件的安全值，主要内容用冒号（:）分为三个部分：

身份识别：角色：类型

安全上下文的三个部分说明如下：

身份识别（Identify）：是指账号方面的身份识别。主要的身份识别有下面三种类型：

- root：表示 root 的账号身份。
- system_u：表示系统程序方面的识别，通常就是程序。
- user_u：代表的是普通用户账号相关的身份。

角色（Role）：用于标识这个内容是程序、文件资源还是用户。主要的文件角色有：

- object_r：代表的是文件或目录等资源。
- system_r：代表的是程序。不过一般用户也会被指定为 system_r。

类型（Type）：在 targeted 策略中，一般身份识别与类型字段不重要。一个主体程序能不能读取到这个文件资源，与类型字段有关。一般在修改文件的安全值时，只需要修改类型。

同时，security context 值的类型会随着文件的位置而发生变化。例如，查看不同目录下文件的 security context 值：

```
[root@ksu ~]# touch 1
[root@ksu ~]# touch /1
[root@ksu ~]# ls -Z /root/1 /1
-rw-r--r--. root root unconfined_u:object_r:etc_runtime_t:s0 /1
-rw-r--r--. root root unconfined_u:object_r:admin_home_t:s0 /root/1
```

2．修改文件的安全值

文件的 context 值会随着目录的作用和环境的不同而发生改变。如果需要更改文件的安全值，可以使用 "chcon" 命令实现，语法格式如下：

```
chcon [-R] [-u 用户] [-r 角色] [-t 类型] 文件
```

参数说明如下：

-R：连同该目录下的子目录一起修改。

-u：身份识别。

-r：角色。

-t：安全上下文的类型字段。

例如，创建/test 目录，将其作为 Web 服务的工作目录。这就要求 SELinux 支持 Web 服务对/test 目录的访问。实现过程如下：

```
[root@ksu ~]# mkdir /test
[root@ksu ~]# ls -Zd /test /var/www/html
drwxr-xr-x. root root unconfined_u:object_r:default_t:s0 /test
drwxr-xr-x. root root system_u:object_r:httpd_sys_content_t:s0 /var/www/html
[root@ksu ~]# chcon -t httpd_sys_content_t /test     #修改/test 目录的安全值
[root@ksu ~]# ls -Zd /test /var/www/html
drwxr-xr-x. root root unconfined_u:object_r:httpd_sys_content_t:s0 /test
```

```
drwxr-xr-x. root root system_u:object_r:httpd_sys_content_t:s0 /var/www/
html
```

3. restorecon 恢复文件的安全值

命令格式：

```
restorecon [-Rv] 文件
```

选项说明如下：

- -R：表示递归处理目录。
- -v：显示处理过程。

例如，恢复/test 文件的安全值：

```
[root@ksu ~]# restorecon -Rv /test
[root@ksu ~]# ls  -dZ  /test
drwxr-xr-x. root root unconfined_u:object_r:default_t:s0 /test
```

6.1.4　进程的 SELinux 配置

1. 查看进程 SELinux 的 boolean 值

命令格式：

```
getsebool -a [boolean]
```

选项说明如下：

-a：显示所有的布尔值。

boolean：显示 boolean 值，取值有两种状态，即 on 或者 off。

例如，显示 FTP 服务进程 SELinux 的 boolean 值，命令如下：

```
[root@ksu ~]# getsebool -a |grep ftpd
ftpd_anon_write --> off
ftpd_connect_all_unreserved --> off
ftpd_connect_db --> off
ftpd_full_access --> off
ftpd_use_cifs --> off
ftpd_use_fusefs --> off
ftpd_use_nfs --> off
ftpd_use_passive_mode --> off
```

2. 设置进程 SELinux 的 boolean 值

命令格式：

```
setsebool -P boolean value
```

参数 P 表示该设置值写入文件，该设置值将来会生效的。

例如，设置 FTP 服务 SELinux 的 Boolean 值，允许匿名用户上传文件，命令如下：

```
[root@ksu ~]# setsebool  -P ftpd_anon_write on
[root@ksu ~]# getsebool -a | grep  ftpd_anon_write
ftpd_anon_write --> on
```

6.2 防火墙

6.2.1 防火墙简介

1．什么是防火墙

防火墙是指设置在不同网络与安全域之间的一系列部件的组合，也是不同安全域之间信息的唯一出口。通过监测、限制并更改流经防火墙的数据流，尽可能地对外屏蔽网络内部的信息结构和运行状态，以及有选择地接受外部网络访问。

2．防火墙的功能

1）提供边界防护功能。通过控制内外网络的范围，使内外网之间的所有数据流都必须经过防火墙，从而提高内部网络的保密性和私有性。

2）提供网络服务访问限制功能。只有符合安全策略的数据流才能通过防火墙，保护易受攻击的服务。

3）提供审计和监控功能。记录网络的使用状态，实现对异常行为的报警。集中管理内网的安全性，降低管理成本。

4）防火墙自身具有非常强的抗攻击能力。

3．防火墙的核心技术

一般防火墙技术分为三类：包过滤、代理服务器以及状态监测。无论一个防火墙的实现过程有多复杂，归根结底都是在这三种技术的基础上进行扩展。

（1）包过滤技术

包过滤技术的基本原理是网络管理员预先在设备上定义的一个命令序列规则，防火墙设备通过对所流经数据包的包头信息进行审查，并根据预先制定的规则决定数据包是被接收（ACCEPT）还是被拒绝（DROP），以达到控制网络访问的目的。

（2）代理服务器技术

代理服务器技术是根据计算机网络的运行方式，通过设置相应的代理服务器来实现网络之间的信息交互。当内网向外网发送数据包时，数据包携带着正确的 IP 地址，非法攻击者能够分析出数据包中的 IP 地址，进而作为追踪对象，让病毒进入内网中。如果使用代理服务器，则能够实现数据包 IP 地址的虚拟化，攻击者在对虚拟 IP 进行跟踪时就获取不到真实的解析信息，从而实现代理服务器对计算机网络的安全防护。另外，代理服务器还能够进行信息数据的中转，对内网以及外网之间的信息交互进行控制，实现对计算机网络的保护。

（3）状态监测技术

状态监测技术是继"包过滤技术"和"代理服务器技术"之后的防火墙技术。在不影响网络安全正常工作的前提下，采用抽取相关数据的方法对网络通信的各个层次实行监测，根据各种过滤规则做出安全决策。

4. 防火墙的分类

（1）按照是否使用专用设备划分

主机防火墙：服务范围为当前主机。

网络防火墙：服务范围为防火墙一侧的局域网。

硬件防火墙：在专用硬件级别实现部分功能的防火墙，另一个部分功能基于软件实现。

软件防火墙：运行于通用硬件平台之上的防火墙应用软件。

（2）按照网络模型层次划分

按照网络模型层次，可分为网络层包过滤防火墙，应用层防火墙/代理服务器。

6.2.2　Linux 防火墙

Linux 的防火墙体系主要工作在网络层，针对 TCP/IP 数据包进行实时过滤和限制，属于典型的包过滤防火墙（或者称为网络层防火墙）。Linux 系统的防火墙体系基于内核编码实现，具有非常稳定的性能和高效率，因此获得了广泛的应用。在 RHEL 7/CentOS 7 系统中几种防火墙共存，有 firewalld、iptables、ebtables，默认使用 firewalld 来管理 netfilter 子系统。netfilter 和 firewalld 的详细说明如下：

- netfilter：指的是 Linux 内核中实现包过滤防火墙的内部结构，不以程序或文件的形式存在，属于"内核态"（又称为内核空间）的防火墙功能体系。
- firewalld：指用于管理 Linux 防火墙的命令程序，属于"用户态"（又称为用户空间）的防火墙管理体系。

6.3　firewalld 服务

firewalld 的作用是为包过滤机制提供匹配规则，通过各种不同的规则，告诉 netfilter 对来自指定源、前往指定目的或者具有某些协议特征的数据包采取何种处理方式。为了更加方便地组织和管理防火墙，firewalld 提供了支持网络区域所定义的网络链接以及接口安全等级的动态防火墙管理工具。它支持 IPv4、IPv6 防火墙设置，并且拥有两种配置模式：运行时配置与永久配置。

在使用 firewalld 前，首先需要检查 firewalld 服务是否在运行，可以通过以下两种方法查看 firewalld 服务状态：

1）# firewall-cmd --state。

2）# systemctl status firewalld.service。

如果 firewalld 服务没有运行，可以使用"systemctl start firewalld.service"命令来启动 firewalld 服务。需要注意的是，firewalld 和其他防火墙服务是互斥的，所以当操作系统中安装了其他的防火墙管理服务（如 iptables-service）时，需要将其关闭。

6.3.1　firewalld 网络区域

firewalld 将所有的网络数据流量划分为多个区域，从而简化防火墙管理。根据数据包的源 IP 地址及传入的网络接口等条件，将数据流量转入相应区域后进行后续的规则匹配。

每个区域都可以配置其要打开或关闭的一系列服务，firewalld 针对每个预定义区域都设置了默认打开的服务。firewalld 预定义的区域规则见表 6-1。

表 6-1　firewalld 预定义的区域规则

区　　域	规　则　说　明
trusted（信任区域）	允许所有入站流量
public（公共区域）	拒绝除 ssh 或 dhcpv6-client 以外的所有入站流量
work（工作区域）	拒绝除 ssh、ipp-client、dhcpv6-client 以外的所有入站流量
home（家庭区域）	拒绝除 ssh、ipp-client、dhcpv6-client mdns、samba-client 以外的所有入站流量
internal（内部区域）	初始状态同 home 区域
external（外部区域）	拒绝除 ssh 外的所有入站流量
dmz（隔离区域）	拒绝所有入站流量，除非入站流量为 ssh 流量或与出站流量有关
block（限制区域）	拒绝所有入站流量，除非入站流量与出站流量有关
drop（丢弃区域）	丢弃所有入站流量，并且不产生 ICMP 的错误响应，除非与出站流量相关

网络区域的引入带来了新的问题。每个区域都有一套规则模板，当数据包入站时，首先检查数据包的源地址，firewalld 中默认的匹配顺序如下：

1）若源地址关联到特定的区域，则执行该区域所指定的规则。

2）若源地址未关联到特定的区域，则使用入站网络接口的区域并执行该区域所指定的规则。

3）若网络接口未关联到特定的区域，则使用默认区域并执行该区域所指定的规则。另外，网络区域规则中还涉及其他概念，具体如下：

- target：当数据包无法匹配区域中任何规则时的默认处理行为，可选值为 ACCEPT（允许数据包通过）、DROP（丢弃数据包）、REJECT（拒绝数据包接入）。
- interface：当前区域所绑定的网卡。
- sources：当前区域所绑定的地址集合。
- services：当前区域匹配的服务条目。
- ports：当前区域匹配的端口列表。
- rich rule：富规则，更为细致的防火墙策略，其在区域中策略的匹配优先级最高。

6.3.2　规则的生命周期

firewalld 的规则分为运行时规则和永久规则。永久规则不会立即生效，需要重启系统或执行以下其中一条命令重新加载规则。

1）firewall-cmd --reload。

2）firewall-cmd --complete-reload。

这两条命令的主要区别在于，前者仅更新规则，不会影响现有的网络连接，而后者会影响现有的网络连接，即不维持当前的链接信息。当有--permanent 参数时，表示配置的规则为永久规则。

6.4 firewall–cmd 命令行配置参数介绍

大部分的 firewall-cmd 命令都是基于区域（参数为--zone，该参数可省略，省略后表示操作的是默认区域，但不是所有命令都需要指定区域）进行配置的。

6.4.1 区域的查询和修改

（1）列出所有区域
```
firewall-cmd --get-zones
```
（2）列出区域规则（若无--zone 参数，则为默认区域）
```
firewall-cmd [--zone=<区域名称>] [--permanent] --list-all
```
（3）列出所有区域的规则
```
firewall-cmd [--permanent] --list-all-zones
```
（4）获取默认区域
```
firewall-cmd --get-default-zone
```
（5）修改默认区域
```
firewall-cmd --set-default-zone=<zone>
```
（6）获取当前活动区域
```
firewall-cmd --get-active-zone
```

6.4.2 区域 interface 相关命令

通常网卡所处的区域为默认区域，可以根据网卡所接入的网络环境将网卡划分至不同的区域中。需要注意的是，每张网卡最多分配至一个区域。
（1）列出指定区域的网卡
```
firewall-cmd [--zone=<区域名>] [--permanent] --list-interface
```
（2）添加网卡至相应的区域
```
firewall-cmd [--permanent] --zone=<区域名> --add-interface=<网卡名>
```
（3）将网卡从区域中移除
```
firewall-cmd [--permanent] --remove-interface=<网卡名>
```
（4）修改网卡所处的区域
```
firewall-cmd [--permanent] --zone=<区域名> --change-interface=<网卡名>
```
（5）查询网卡所处的区域
```
firewall-cmd --get-zone-of-interface=<网卡名>
```

（6）查询网卡是否属于某一区域

```
firewall-cmd [--zone=<区域名>] [--permanent] --query-interface=<网卡名>
```

6.4.3　source 的配置

由于按照 interface 划分的区域往往细腻度较大，所以 firewalld 引入源地址这一概念来对区域做进一步划分（例如，仅允许 192.168.0.0/24 和 192.168.10.1 访问 A 服务器中的 22号端口），这个源地址可以为 IP 地址和 IP 地址块。需要注意的是，每个源地址仅允许配置在一个规则下，当进行数据包匹配时，先匹配 IP 地址再匹配地址块。

（1）列出指定区域的源地址

```
firewall-cmd [--zone=<区域名>] [--permanent] --list-sources
```

（2）添加源地址至指定的区域

```
firewall-cmd [--zone=<区域名>] [--permanent] --add-source=<源地址>
```

（3）将源地址从区域中移除

```
firewall-cmd [--permanent] --remove-source=<源地址>
```

（4）修改源地址所处的区域

```
firewall-cmd [--zone=<区域名>] [--permanent] --change-source=<源地址>
```

（5）查询源地址所处的区域

```
firewall-cmd --get-zone-of-source=<源地址>
```

（6）查询源地址是否属于某一区域

```
firewall-cmd [--zone=<区域名>] [--permanent] --query-source=<源地址>
```

6.4.4　services 和 port 的配置

port 为当前区域可匹配的通信端口和协议，service 可以看成 port 的别名，其通过.xml文件进行描述，具体格式如下：

```
<?xml version="1.0" encoding="utf-8"?>
<service>
  <short>服务名</short>
  <description>服务简介</description>
  <port protocol="协议" port="端口"/>
  ...
  <port protocol="协议" port="端口"/>
</service>
```

当需要添加相应的服务时，只需要将上述格式的描述文件编辑好，然后存储在/etc/firewalld/services 录下，重新加载 firewalld 即可（文件扩展名必须为.xml）。与 interface和 source 不同的是，相同的 port 和 service 可存在于多个区域中。

（1）列出所有服务名

```
firewall-cmd --get-service
```

（2）列出指定区域下的 port 和 service

```
firewalld [--zone=<区域名>] [--permanent] <--list-port|--list-service>
```

（3）添加 port 或 service 至指定的区域

```
firewalld [--zone=<区域名>] [--permanent] [--timeout]
<--add-port=<端口|端口范围(如1~20)>/<TCP/UDP> | --add-service=服务名>
```

注：timeout 表示规则有效时间，并且不能和--permanent 参数共用。

（4）从指定区域中移除 port 和 service

```
firewalld [--zone=<区域名>] [--permanent]
<--remove-port=<端口|端口范围(如1~20)>/<TCP/UDP> | --remove-service=服务名>
```

6.4.5 富规则的配置

由于 firewalld 的基本规则过滤的细腻度较大，因此所配置的规则往往仅针对区域中所配置的源地址和入站接口，并且仅支持阻断、放行及转发三种操作。而相对于基本规则，富规则（Rich Rule）不仅支持所有的基本规则，还提供网络地址转换及特定源地址、目的地址数据包的过滤及审计的操作。firewalld 为富规则提供了一个简单而又强大的描述语言，其语法格式为：

```
rule
     [family]
     [source]
     [destination]
     [element]
     [log]
     [audit]
     [action]
```

富规则的具体命令值如下：

1）family：地址协议栈（当存在 source address 或 destination address 时，该选项为必要选项，可配置为 IPv4 和 IPv6）。

2）source：数据包的入站地址，常用参数为 address，可配置为 IP 地址和地址块。

3）destination：数据包的出站地址，常用参数为 address，可配置为 IP 地址和地址块。

4）element：富规则的规则元素。常用的子命令为：

- port：命令格式为 port port=<端口|端口范围> protocol=<传输层协议>。
- service：命令格式为 service name=<服务名>。
- forward-port：端口映射。

5）log：数据包的连接请求存储至日志中。

log 命令格式：

```
log [--level=<日志等级>] [prefix=<日志前缀>] [limit value=<频率>/<周期>]
```

主要参数说明如下：

level 参数：日志等级，可选值有 emerg、alert、error、warning、notice、info 和 debug。

prefix：日志前缀。

limit 命令：只有 value 参数，用于定义日志记录的评论和周期（其中，周期的可选值为 s、m、h、d，以及每秒、每分钟、每小时和每天）。

6）audit：数据包审计。

7）action：数据包匹配后的行为，可以为 ACCEPT、REJECT 和 DROP 中的一种。

需要注意，富规则在区域中的匹配顺序为 log→deny（reject 和 drop）→accept。响应的命令格式如下：

（1）列出指定区域下的富规则

```
firewalld [--zone=<区域名>] [--permanent] --list-rich-rule
```

（2）添加富规则到指定区域

```
firewalld [--zone=<区域名>] [--permanent] [--timeout]
--add-rich-rule <规则字符串>
```

（3）从指定区域中移除富规则

```
firewalld [--zone=<区域名>] [--permanent] [--timeout]
--remove-rich-rule <规则字符串>
```

例 6.1　基本规则配置案例。

（1）允许外部访问本机 TCP 端口 8000

```
# firewall-cmd --zone=public --add-port=8000/tcp
```

（2）允许外部访问本机的 HTTP 服务（将其设置为永久规则）

```
# firewall-cmd --zone=public --add-service=http --permanent
```

（3）允许外部访问 Samba 服务，但仅可访问 600s

```
# firewall-cmd --zone=public --add-service=http --timeout=600
```

（4）拒绝所有 192.168.200.0/24 网段（除 192.168.200.1 外）访问 public 中开放的端口

```
# firewall-cmd --zone=drop --add-source=192.168.200.0/24
# firewall-cmd --zone=public --add-source=10.0.0.1
```

（5）将 22 端口转发至 2222 端口

```
# firewall-cmd --zone=public --add-forward-port=port=2222:proto=tcp:
toport=22
# firewall-cmd -add-port=2222/tcp
```

例 6.2　富规则配置案例。

（1）记录来自 192.168.200.1 并允许连接 ssh 的数据包，记录频率为每分钟两次，日志前缀为"firewalld ssh log:"

配置方法：

```
# firewall-cmd --add-rich-rule='rule family=ipv4 source address="192.168.
200.1" log prefix="firewalld ssh log: " limit value=2/m accept'
```

查看日志：

```
# journalctl -f | grep "firewalld ssh log: "
```

（2）拒绝 192.168.200.1 对 TCP 22 端口的访问

方法 1：

```
# firewall-cmd --add-rich-rule='rule family=ipv4 source address="192.168.
200.1" port port=22 protocol=tcp drop'
```

方法 2：

```
# firewall-cmd --add-rich-rule='rule family=ipv4 source NOT address=
"192.168.200.1" port port=22 protocol=tcp accept'
```

（3）将 192.168.200.1 加入白名单，可访问所有端口

```
# firewall-cmd --add-rich-rule='rule family=ipv4 source address=
"192.168.200.1" accept'
```

（4）将 192.168.200.0/24 放入 dmz 区域中，其能访问 TCP 的 2000～3000 端口

```
# firewall-cmd --zone=dmz --add-rich-rule='rule family=ipv4 source
address="192.168.200.1" port port=2000-3000 protocol=tcp accept'
```

习题 6

6.1 简述 SELinux 功能及访问策略，以及三种模式之间如何切换。

6.2 简述获取当前系统的安全模式，以及如何切换到 disabled 模式并开始生效。

6.3 简述查看文件、目录以及进程安全值的方法。

6.4 在/test 目录下创建 file1 文件，把文件复制到根（/）目录下，查看 file1 的安全值，对比不同目录下的安全值是否一致。如果不一致，请说明原因。

6.5 简述防火墙的功能及分类，以及有哪些常见的防火墙。

第7章 FTP 服务与 Samba 服务

FTP（File Transfer Protocol，文件传输协议）服务是一种用于不同主机之间的文件传输服务。在一些环境下，用户希望可以像使用本机上的文件系统一样使用远程主机上的文件系统，此时可以通过共享文件系统的方式来实现。常见的共享文件系统服务有 Samba 服务，其与 FTP 服务同属于 TCP/IP 协议栈的应用层。本章首先介绍 FTP 的相关概念，服务器的搭建以及配置过程，FTP 配置文件进行重点说明；其次，介绍 Samba 服务器的搭建以及相关命令；最后，以案例化形式讲解 Samba 服务器的配置过程。

7.1 FTP 相关概念

1. FTP 服务和 FTP

FTP 服务是因特网上最早应用于不同主机之间进行数据传输的基本服务之一，使人们可以方便地从计算机网络中获取资源。FTP 服务实际上就是将各种可用资源存放在 FTP 服务器上，FTP 用户通过 Internet 连接服务器，使用 FTP 将需要的文件复制到自己的主机上。在使用 FTP 传送文件时，最主要的步骤就是如何连接到 FTP 服务器，即登录（login）到 FTP 服务器。通常用户在登录服务器时需要输入账号（account）和密码（password），得到许可后即可进入。FTP 服务器一般提供下载和上传两个操作。另外，FTP 还支持断点续传以及联机访问功能，允许多个应用程序同时对一个文件进行存取，提高了系统的并发性。FTP 服务器可以部署在 Linux、Windows 等平台上，为用户提供跨平台传输文件的服务。

FTP 定义了一个在远程计算机系统和本地计算机系统之间传输文件的标准。该协议基于客户端/服务器模式，采用 TCP 为主机之间提供可靠的数据传输。FTP 客户端应用程序作为请求发送方，向 FTP 服务器发送文件复制的请求，而 FTP 服务器接收并响应请求，并对存储在其上的资源进行管理，二者之间遵循 FTP 协议进行数据传输。

2. FTP 工作原理

FTP 服务的工作过程一般分为三个阶段：建立连接、传输数据和释放连接。其工作原理如图 7-1 所示。由于 FTP 服务的特点是数据量大、控制信息相对较少，因此分别对控制信息与数据进行处理，对应的 TCP 通信连接也分为两种类型：控制连接与数据连接。其中，控制连接用于在通信双方之间传输 FTP 命令与响应信息，完成连接建立、身份认证与异常处理等控制操作；数据连接用于在通信双方之间传输文件或目录信息。另外，客户端和服务器分别运行着连接相关的控制进程和数据传输进程。

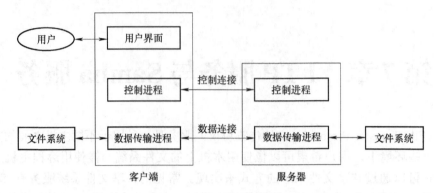

图 7-1　FTP 工作原理图

3．FTP 的数据传输模式

FTP 支持两种模式：主动模式（Standard FTP）和被动模式（Passive FTP）。

（1）主动模式

首先，FTP 客户端临时分配端口 N，与 FTP 服务器的 TCP 21 号端口建立起控制连接，然后，客户端开放 $N+1$ 号端口进行监听，并向服务器发送 PORT $N+1$ 命令。服务器接收到命令之后，采用 20 号端口与客户端的 $N+1$ 号端口建立起数据连接，进行数据传输。PORT 命令包含了客户端采用什么端口接收数据，通常，该端口号是临时分配的，端口值的分配依据 TCP/UDP 端口分配方案。TCP 的端口号是 16 位的，理论上可以支持 2^{16} 个端口，但是要除去一些周知端口，如 25、53、80、110、161、8080 等。在实际应用过程中，1~1024 是系统的保留端口，不会用于端口分配。在传送数据的时候，服务器通过 TCP 20 端口与客户端上的临时端口建立数据连接并发送数据。

（2）被动模式

控制连接的建立过程与主动模式类似，但是在控制连接建立时，客户端会临时开启 $N+1$ 号端口，然后在控制连接上发送 Pasv 命令。FTP 服务器收到 Pasv 命令后，随机打开一个端口 P（端口号大于 1024），并且通知客户端在这个端口上传输数据请求，客户端利用 $N+1$ 号端口与服务器端的 P 号端口建立起数据连接，之后就可以在这两个端口之间传输数据了。

主动模式是服务器端向客户端发起数据连接，而被动模式是客户端向服务器端发送数据连接。两者的共同点在于都是使用 21 号端口进行用户验证及管理，区别在于数据连接的建立方式。

4．FTP 服务用户

一般来说，传输文件的用户需要经过 FTP 服务器的授权认证，才能登录 FTP 服务器。根据 FTP 服务的对象不同，可以将 FTP 服务的使用者分为两类。

（1）匿名用户

若 FTP 服务器提供匿名访问功能，则匿名用户通过输入 anonymous 账号进行登录或者以 FTP 身份直接进入 FTP 服务器。匿名用户登录系统后，其登录目录为 FTP 服务器提供的默认工作目录，默认工作目录为/var/ftp。一般情况下，匿名 FTP 服务器只提供下载服务，上传和其他服务受到限制。

（2）本地用户

用户在 FTP 服务器上分配用户账号，此用户为本地用户。本地用户通过输入账号和密码进行登录。当登录成功后，其登录目录为用户的主目录，如/home/ftpuser，本地用户可以下载和上传文件至该目录。需要注意的是，本地用户账号在创建时需要将其 Shell 修改为/sbin/nologin，也就是不能与系统进行交互，只能作为 FTP 服务的账号。另外，本地用户的文件操作权限受到限制。

5. Linux 下的 FTP 服务器

FTP 服务器一般分为两种：一种是用户名和密码验证 FTP 服务器，进入该服务器时必须拥有服务器授权的账号和密码；另一种为匿名 FTP 服务器，登录此类 FTP 服务器时，用户使用 anonymous 或者 FTP 作为账号。当用户登录 FTP 服务器时，如果 anonymous 或者 FTP 账号无法进入，则表示该服务器不是匿名 FTP 服务器。实际上，匿名 FTP 服务器是一种开放账号的 FTP 服务器，可以被网络上的任何用户使用。其与非匿名 FTP 服务器的不同之处在于登录时的账号和密码不同。

在 Linux 系统下，vsftpd（very secure FTP daemon）是一款系统自带的 FTP 服务器应用软件，由于其具有安全、稳定、高效以及支持虚拟 IP 和虚拟用户的特点，因此目前应用广泛。在开源操作系统中，常用的 FTP 服务器软件除 vsftpd 外，还有 Wu-ftpd、Proftpd、Pureftpd 等，各种应用程序并无优劣之分，读者可以自行选择使用。

7.2　RHEL 7 下的 vsftpd 服务

这里以 RHEL 7 提供的 vsftpd 软件为例，介绍 FTP 服务的安装、配置和使用。

7.2.1　安装及管理 vsftpd 服务

1. 安装 vsftpd 软件包

RHEL 7 提供 vsftpd 软件包，版本为 vsftpd-3.0.2-22.el7.x86_64.rpm，该软件提供 FTP 服务所需的各项服务程序、开机默认选项文件等。可以使用 YUM 工具安装 FTP 服务器软件和客户端工具，命令如下：

```
# yum install vsftpd -y
```

2. 管理 vsftpd 进程

vsftpd 软件包安装完毕之后，FTP 服务在系统中是以 vsftpd 守护进程的形式存在的，可以通过对 vsftpd 进程的管理实现 FTP 服务管理。常见的管理命令如下：

```
# systemctl status | start | restart | stop vsftpd.service    #查看状态、启
动、重启、关闭服务
# systemctl enable | disable vsftpd.service              #开机启用或禁用服务
```

7.2.2　vsftpd 的配置文件

1. 配置文件

RHEL 7 中 vsftpd 服务的配置文件如下：

/etc/vsftpd/vsftpd.conf：vsftpd 服务的主配置文件，提供访问 FTP 服务器的方式，以及匿名访问 FTP 服务器时相关的操作权限、权限掩码等信息。

/etc/vsftpd/ftpusers：用户控制文件，指定哪些用户不能使用 vsftpd 服务。

/etc/vsftpd/user_list：允许访问 FTP 服务的用户。

/etc/pam.d/vsftpd：vsftpd 用于用户认证的 PAM 配置文件。

/var/ftp：匿名 FTP 服务器的默认工作目录。

2. /etc/vsftpd/vsftpd.conf 文件

在/etc/vsftpd/vsftpd.conf 配置文件中，带 "#" 号的行为注释行，用户可以通过注释行获取配置内容的方法。其常用配置语句及说明如下：

```
anonymous_enable=YES
#匿名登录开关。anonymous_enable 取值为 YES 时，表示允许匿名登录 FTP 服务器；为 NO 时，
表示不允许匿名登录，即为基于用户名和密码验证登录
write_enable=YES                          #开放本地用户的写权限
local_umask=022
#设置本地用户的文件生成掩码为 022，即默认创建的文件权限为 755
anon_upload_enable=YES
#是否允许匿名用户上传文件。默认情况下，这一行是注释掉的，即默认匿名用户不能上传文件。如
果需要放开匿名用户上传权限，将该行的#注释去掉
anon_mkdir_write_enable=YES
#是否允许匿名用户创建文件。默认情况下，这一行是注释掉的，即默认匿名用户不能在 FTP 服务器
上创建文件
chown_uploads=YES
chown_username=whoever
#以上两行需要成对出现，表明所有匿名用户上传的文件，其所有者将变为 whoever，默认情况
下，这两行需要注释掉
listen=NO
listen_ipv6=YES
#以上两行表示同时监听 IPv4 和 IPv6 地址
pam_service_name=vsftpd
#设置 PAM 认证服务的配置文件，一般存放在/etc/pam.d 目录下
userlist_enable=YES
#在/etc/vsftpd/user_list 文件中列出用户不能访问的 FTP 服务器
tcp_wrappers=YES
#是否支持 tcp_wrappers。tcp_wrappers 是 Linux 系统中的一种安全机制，在一定程度上限
制了某种服务的访问权限，达到保护系统的目的
```

7.3　配置 vsftpd 服务器

7.3.1　匿名用户上传及删除文件

默认情况下，FTP 服务器安装成功后，匿名用户一般可以进行下载操作，但是由于安全性的需要，FTP 服务器配置文件（/etc/vsftpd/vsftpd.conf）中的一些行默认是注释掉的，这些行就限制了匿名用户的其他操作，如上传及删除操作。在一些环境下，需要匿名用户拥有上传及删除权限，这就需要通过设置 FTP 服务器的配置文件来实现。

例 7.1　安装 vsftpd 服务器实现匿名用户下载文件，FTP 服务器的 IP 地址为 192.168.10.3。

在 Linux 系统中安装服务器一般需要经过挂载光盘、安装、配置（系统默认的操作，下文省略介绍）、启动及测试这五个步骤。在 RHEL 7 系统中采用本地方式安装 vsftpd 服务器的流程如下：

（1）挂载光盘

```
# mount /dev/sr0 /mnt
```

（2）安装

```
# yum install vsftpd -y
```

（3）启动

```
# setenforce 0                      #将系统 selinux 模式设置为警告模式
# systemctl start vsftpd.service    #重启 vsftpd 服务器
# systemctl stop firewalld.service  #关闭 firewalld 防火墙
```

（4）测试

打开桌面上的"此电脑"，在地址栏中输入 FTP 服务器 IP 地址，如 ftp://192.168.10.3，按 Enter 键后弹出图 7-2 所示的页面，表示匿名 FTP 服务器已经安装成功。这时匿名用户默认访问 FTP 服务器的/var/ftp 目录，管理员可以在该目录下添加文件，同时，用户拖动页面中的内容到本机，即可以下载文件到本地。

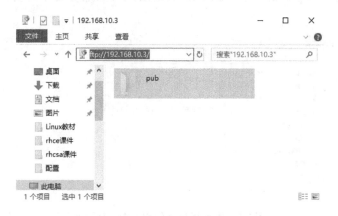

图 7-2　匿名 FTP 服务器的启动页面

例 7.2 配置 vsftpd 服务器，使匿名用户上传及删除文件。

为了使匿名用户能够执行删除操作，以及修改上传的文件，需要对 vsftpd 服务器进行配置。配置内容包括三个方面：设置目录属性，使上传目录支持 FTP 用户的写入权限；修改配置文件，使 FTP 服务器支持上传；修改 vsftpd 守护进程的安全值，使 SELinux 支持上传。配置过程如下：

（1）创建 upload 上传目录

```
[root@ksu ~]# cd /var/ftp
[root@ksu ftp]# mkdir upload                    #创建匿名用户的 FTP 共享目录
[root@ksu ftp]# chown ftp upload #将 upload 的属主设置为 ftp，支持 FTP 用户的写入
权限
```

（2）修改/etc/vsftpd/vsftpd.conf 配置文件

```
# vi /etc/vsftpd/vsftpd.conf
#为了方便操作，需要在末行模式下加行号，即输入 set nu
anon_upload_enable=YES                      #修改第 29 行，去掉#
anon_mkdir_write_enable=YES                 #修改第 33 行，去掉#
anon_umask=022         #增加 anon_umask=022，否则匿名用户上传的文件不能下载
```

（3）修改 vsftpd 服务进程的 boolean 值

```
[root@ksu ~]# getsebool -a |grep ftp
ftpd_anon_write --> off
ftpd_connect_all_unreserved --> off
ftpd_connect_db --> off
ftpd_full_access --> off
ftpd_use_cifs --> off
[root@ksu ~]# setsebool -P ftpd_anon_write  on      #服务进程支持匿名用户上传
[root@ksu ~]# chcon -t public_content_rw_t upload  #SELinux 支持上传
```

（4）重启与测试

```
[root@ksu ~]# systemctl restart vsftpd.service
```

重启 vsftpd 进程之后，打开桌面上的"此电脑"，在地址栏中输入 ftp://192.168.10.3。在弹出的页面中单击 upload，进入 upload 页面后，可以拖动文件到该页面，如图 7-3 所

图 7-3 匿名用户上传和下载文件页面

示，即完成了上传操作。另外，用户可以将该页面中的文件拖动到本机，即完成了下载操作。但是用户在删除文件时，会弹出图 7-4 所示的对话框，这说明匿名 FTP 服务器没有开启目录的写入操作，此时需要再一次修改/etc/vsftpd/vsftpd.conf 文件，在配置内容中添加 anon_other_write_enable=YES，重启 vsftpd 进程之后，再一次测试下载操作，这时上传的文件就可以删除了。

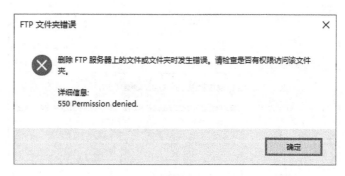

图 7-4　"FTP 文件夹错误"对话框

7.3.2　基于用户名和密码访问 FTP 服务器

以非匿名方式登录 FTP 服务器即采用用户名和密码验证的方式来登录 FTP 服务器。这就需要创建登录 FTP 服务器的账号和密码，这与创建普通用户账号有区别。另外，还需要对 vsftpd 的主配置文件进行修改。

例 7.3　搭建 FTP 服务器，实现以用户名和密码验证的方式登录 FTP 服务器，可以进行上传、下载操作，FTP 服务器的 IP 地址为 192.168.10.3。

配置过程如下：

（1）修改/etc/vsftpd/vsftpd.conf 配置文件

```
[root@ksu ~]# vi  /etc/vsftpd/vsftpd.conf
#为了方便操作，需要在末行模式下加行号，即输入 set nu
anonymous_enable=NO
#修改第 12 行，将值改为 NO，即设置为以非匿名方式登录 FTP 服务器
#anon_upload_enable=YES              #添加#，将第 29 行注释掉
#anon_mkdir_write_enable=YES         #添加#，将第 33 行注释掉
#anon_umask=022                      #添加#，将第 34 行注释掉
```

（2）创建 vsftpd 用户

```
[root@ksu ~]# useradd ftpuser
[root@ksu ~]# passwd ftpuser
[root@ksu ~]# usermod -s /sbin/nologin  ftpuser
```

（3）重启与测试

```
[root@ksu ~]# systemctl restart vsftpd.service
```

重启 vsftpd 进程之后，打开桌面上的"此电脑"，在地址栏中输入 ftp://192.168.10.3，弹出用户名和密码登录 FTP 服务器验证对话框，如图 7-5 所示。输入用户名和密码后，就

可以登录到 FTP 服务器的指定目录（/home/ftpuser），此时就可以进行文件的上传、下载及删除操作了，如图 7-6 所示。

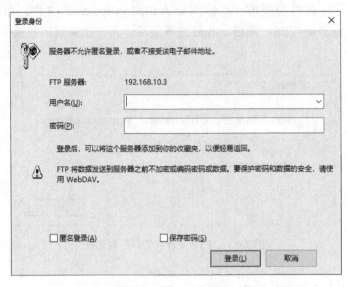

图 7-5　用户名和密码登录 FTP 服务器验证对话框

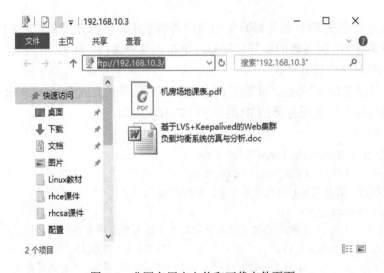

图 7-6　非匿名用户上传和下载文件页面

7.4　其他 FTP 工具

1．FTP 命令行

　　用户可以在 Windows 系统的 DOS 命令行下，连接 Linux 系统下的 FTP 服务器，创建可以使用 FTP 命令的子环境，通过输入 quit 命令可以从子环境返回至 DOS 提示符。一般通过"ftp　FTP 服务器的 IP 地址"格式的命令或者在 ftp>提示符下输入"open　FTP 服务器的 IP 地址"格式的命令两种方式与远程 FTP 服务器建立连接。在 FTP 子环境下运行时，可以通过运行 FTP 命令进行各种命令操作。表 7-1 列出了 DOS 环境下常用的 FTP 命令。

表 7-1　DOS 环境下常用的 FTP 命令

命　　令	说　　明
help	显示 FTP 内部命令的帮助信息
open	与指定的 FTP 服务器建立连接
dir	获取远程服务器上的文件、子目录列表
cd	更改远程计算机上的工作目录
lcd	更改本地主机的工作目录。在默认情况下，工作目录是启动 FTP 命令解释器时的目录
delete	删除远程服务器上的文件
get	使用当前文件传送类型将远程文件复制到本地主机
put	使用当前文件传送类型将本地文件复制到远程服务器上
rename	重命名远程文件
pwd	显示远程服务器的当前工作目录
ascii	将文件传输类型设置为"ASCII"
binary	将文件传输类型设置为"二进制"。在传输可执行文件时，一般使用"二进制"类型
hash	打开 hash 标记设置
close	断开与远程 FTP 站点的链接，结束 FTP 会话
quit	结束与远程计算机的 FTP 会话并退出 FTP 命令行

例 7.4　FTP 的命令行操作。

（1）在 DOS 提示符下输入 ftp，启动 FTP 客户程序

```
C:\Users\Administrator>ftp
```

（2）与 FTP 站点（192.168.10.3）建立连接并提示进行身份验证

```
ftp> open 192.168.10.3
连接到 192.168.10.3.
220 (vsFTPd 3.0.2)
200 Always in UTF8 mode.
用户(192.168.10.3:(none)): ftpuser
331 Please specify the password.
密码:
230 Login successful.
```

（3）用 pwd 命令显示远程计算机上的当前工作目录

```
ftp> pwd
257 "/home/ftpuser"
```

（4）用 dir 命令显示远程文件和子目录列表，显示远程目录下的文件夹和文件

```
ftp> dir
200 PORT command successful. Consider using PASV.
150 Here comes the directory listing.
-rw-r--r--    1 0        0               0 Oct 21 04:22 file
```

```
-rw-r--r--    1 0         0              0 Oct 21 04:22 file1
-rw-r--r--    1 0         0              0 Oct 21 04:22 file2
-rw-r--r--    1 1006      1006      466432 Oct 21 04:50 基于 LVS+Keepalived 的
Web 集群负载均衡系统仿真与分析 - 副本.doc
-rw-r--r--    1 1006      1006    41891398 Oct 21 04:50 操作系统概念第六版.pdf
-rw-r--r--    1 1006      1006       13897 Oct 21 04:50 机房场地课表.pdf
-rw-r--r--    1 0         0        2056420 Oct 21 04:48 滴答.mp3
226 Directory send OK.
```

ftp：收到 562 字节，用时 0.05 秒 11.24 千字节/秒。

（5）在远程服务器上创建、切换及删除目录

```
ftp> mkdir test
257 "/home/ftpuser/test" created
ftp> cd test
250 Directory successfully changed.
ftp> pwd
257 "/home/ftpuser/test"
ftp> cd ..
250 Directory successfully changed.
ftp> rm test
250 Remove directory operation successful.
```

（6）本地工作路径

```
ftp> lcd
```

目前的本地目录为 C:\Users\Administrator。

```
ftp> lcd d:/
```

目前的本地目录为 D:\。

（7）设定文件传输方式

```
ftp> type
```

使用 ascii 模式传送文件。

```
ftp> hash
```

打开哈希标记，使用 get 或 put 每传输 2048B 数据，就显示一个 "#" 符号。

```
ftp> get 滴答.mp3
200 PORT command successful. Consider using PASV.
150 Opening BINARY mode data connection for 滴答.mp3 (2056420 bytes).
 ################################################################
################################################################
################################################################
################################################################
################################################################
################################################################
################################################################
################################################################
```

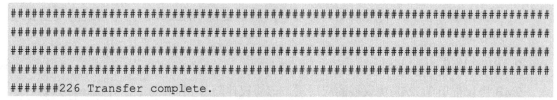

ftp：收到 2056420 字节，用时 0.10 秒 20160.98 千字节/秒。

（8）断开与远程 FTP 站点的连接，退出 FTP 客户端程序

```
ftp> close
221 Goodbye.
ftp> quit
```

2. 其他 FTP 图形软件

HomeFtpServer 是一款 Windows 系统下优秀的 FTP 服务器端软件，安装方式灵活、方便，操作简单，适合快速搭建 FTP 服务器的环境。

Cuteftp 是一款全新的商业级 FTP 客户端软件，其增强的文件传输系统能够完全满足用户的各种需求。文件通过构建基于 SSL 或 SSH2 安全认证的客户端/服务器系统进行传输，为网络之间的数据传输提供经济的解决方案。

Xftp 是一款功能强大的 FTP 文件传输软件。使用 Xftp 以后，Windows 用户能够安全地在 Linux 和 Windows 主机之间传输文件，支持不同系统环境下的文件传输。

以上三种软件的安装及使用都可以在 Windows 环境下，操作简单，用户可以自行下载及安装。

7.5　Samba 相关概念

1. Samba 服务

Samba 服务是 Linux 系统上支持 SMB/CIFS 协议的一组软件包，提供局域网内不同操作系统之间的文件和打印机共享服务。SMB/CIFS 协议是 Windows 系统上网络文件和打印机共享的基础，提供处理和使用远程文件及资源的服务。正是由于 Samba 的存在，使得 Windows 与 Linux 系统之间的相互通信，以及不同操作系统间的资源共享成为可能。

Samba 的核心在于 smbd 和 nmbd 两个守护进程。其中，smbd 进程提供文件和打印机共享，以及授权与被授权服务，采用 TCP 监听，TCP 端口号为 139 和 445；nmbd 进程提供名称解析以及浏览服务，采用 UDP 监听，UDP 端口号为 137 和 138。这两个进程使用的全局配置信息保存在/etc/samba/smb.conf 文件中，该文件向守护进程说明 Samba 服务器的访问方式、共享资源目录等信息。

Samba 提供的主要功能如下：

- 提供共享文件与打印机服务。
- 提供用户登录 Samba 服务器时的身份认证，提供不同用户身份验证的数据。
- 提供 SMB 客户功能，利用 Samba 提供的 smbclient 程序可以在 Linux 下以类似于 FTP 的方式访问 Windows 的资源。

- 提供命令行工具，利用该工具可以有限制地支持 Windows 操作系统的某些管理功能。

2．SMB 协议

SMB 协议位于 TCP/IP 协议栈的应用层。该协议伴随着 Microsoft 的 Windows 系统一起开发，最初使用 NetBIOS 的应用程序提供名称解析以及网络浏览等服务，之后随着因特网的快速发展，Microsoft 将 SMB 协议扩展到因特网上，使其成为因特网上计算机之间共享数据的一种标准。Microsoft 在 SMB 协议的基础上添加了许多新的功能，如符号链接、硬链接、增加文件大小等，被重新命名为 CIFS（Common Internet File System，通用网络文件系统），并脱离了 NetBIOS 协议，使 CIFS 成为因特网上的一个标准协议。

7.6 RHEL 7 下的 Samba 服务

Samba 软件版本更新速度较快，不同的 Linux 发行版本提供的 Samba 软件版本基本一致。红帽子的 Linux 发行版本自带 Samba 软件。这里以 RHEL 7 提供的 Samba 软件为例介绍 Samba 服务的安装、配置和使用。

7.6.1 安装及管理 Samba 服务

1．安装 Samba 软件包

RHEL 7 提供了 Samba 服务的 RPM 软件包，版本为 samba-4.6.2-8.el7.x86_64.rpm，提供的软件包说明如下：

samba：Samba 服务器软件，提供服务所需的各项服务程序、开机默认选项文件等。

samba-client：Samba 客户端工具。

samba-common：提供 Samba 服务器和客户端所需要的数据。

使用 YUM 安装工具安装 Samba 服务器端软件以及客户端工具，命令如下：

```
# yum install samba samba-client samba-common -y
```

2．管理 Samba 服务进程

Samba 软件包安装完毕之后，Samba 服务在系统中以 smb 和 nmb 进程的形式存在，可以通过对 smb 和 nmb 进程的管理实现 Samba 服务管理。常用的管理命令如下：

```
systemctl status | start | restart | stop  smb.service 或 nmb.service
#查看状态、启动、重启、关闭服务
systemctl enable | disable smb.service 或 nmb.service    #开机启用或禁用服务
```

7.6.2 Samba 配置文件

1．Samba 的相关文件

RHEL 7 中 Samba 服务的配置文件如下：

/etc/samba/smb.conf：Samba 服务的主配置文件，用于设置访问 Samba 服务器的方式，以及共享访问的资源目录等内容。

/etc/samba/smb.conf.example：Samba 服务器的配置内容模板。

/etc/sysconfig/samba：用于设置守护进程的启动参数。

/etc/pam.d/samba：Samba 的 PAM 配置文件。

/etc/samba/lmhosts：用于映射 NetBIOS 名称与 IP 地址。

在配置文件中，带"#"号和"；"号的行都是注释行，其中"#"注释是信息注释，而"；"注释是代码注释，"；"注释行后面的内容可用于配置服务器。

2．/etc/samba/smb.conf.example 文件简介

（1）全局设置

```
[global]
Samba                              #服务器的全局设置，对整个服务器有效
workgroup = MYGROUP               #定义工作组名称
server string = Samba Server Version %v      #定义服务器的简要说明
netbios name = MYSERVER           #主机的 netbios 名称
interfaces = lo eth0 192.168.12.2/24 192.168.13.2/24
#interfaces 参数可以让 Samba 使用多个网卡或网络界面
hosts allow = 127. 192.168.12. 192.168.13.
#主机允许列表，这里允许 IP 地址为 127.0.0.0、192.168.12.0、192.168.13.0 网段中的主
机访问
security = user                   #设置 Samba 服务安全等级，取值有 user、domain、ads
passdb backend = tdbsam
#指定密码数据库的后台，取值参数有 smbpasswd、tdbsam、ldapsam，默认为 tdbsam
load printers = yes               #允许打印机共享，默认开启
cups options = raw                #定义打印机共享系统的 CUPS 参数
```

密码数据库后台的参数取值详细说明如下：

- smbpasswd：使用 smbpasswd 工具给系统用户设置 Samba 密码，客户端使用这个密码访问 Samba 资源。smbpasswd 文件一般在/etc/samba 目录下。
- tdbsam：使用数据库文件 passdb.tdb，默认在/etc/samba 目录下。
- ldapsam：使用 LDAP 的账号管理方式来验证用户。

（2）用户主目录共享

```
[homes]
        comment = Home Directories        #共享目录注释
        browseable = no                   #是否可以被浏览
        writable = yes                    #是否可写入
```

（3）设置打印机共享

```
[printers]
        comment = All Printers            #设置打印机描述信息
        path = /var/spool/samba           #设置打印机队列的路径
        browseable = no                   #设置是否可以被浏览
```

```
        guest ok = no                    #设置是否允许 guest 访问
        writable = no                    #设置是否可写入
        printable = yes                  #设置是否可打印
```

（4）公共目录共享

```
[public]
        comment = Public Stuff           #设置共享目录的描述信息
        path = /home/samba               #设置共享目录的路径
        public = yes                     #运行所有的用户访问
        writable = no                    #设置该目录是否可写入
        printable = no                   #设置该目录是否可打印
        write list = +staff  #除 staff 的组员可以拥有读写权限外，其他用户仅可读
```

7.6.3　Samba 账户数据库

1．Samba 的安全等级

RHEL 7.4 系统 Samba 4 下的参数 security 值不再允许是 share 和 server，建议使用 user。如果希望匿名访问共享，则可将 map to guest = Bad User 打开。user 和 map to guest 的说明如下：

- security = user：通过账号及密码验证（Samba 默认的安全等级，默认非匿名登录 Samba 服务器）。
- map to guest = Bad User：将所有 Samba 系统主机所不能正确识别的用户都映射成 guest 用户，这样其他主机访问 Samba 共享目录时就不再需要用户名和密码了。在定义共享目录部分时需要添加 guestok = yes。

2．Samba 账户数据库

当设置了 user 的安全等级后，将由本地系统对访问 Samba 服务的用户进行验证。Samba 使用的账户数据库与系统账号文件是分离的。要通过 Samba 服务器进行用户认证，就需要用到 Samba 的账户数据库，默认情况下，账户数据不存在。为了创建 Samba 的密码数据库文件，需要在添加 Samba 账户的同时进行创建。

使用 smbpasswd 命令可以配置 Samba 账号并设置其密码。smbpasswd 命令的格式如下：

```
smbpasswd  [参数]  [用户名]
```

参数说明如下：

-a：添加 Samba 用户。

-d：冻结 Samba 用户，即这个用户不能再登录了。

-e：解冻 Samba 用户，使解冻的用户可以再登录。

-x：删除 Samba 用户。

每个登录 Samba 服务器的普通用户都可以使用不带参数的 smbpasswd 命令来修改自己的 Samba 账号密码。当然，管理员也可以使用带有用户参数的 smbpasswd 命令重新设置指

定用户的 Samba 账号密码，或者冻结、解冻、删除 Samba 账号。

7.7　配置 Samba 服务器

Samba 服务器的配置主要在于/etc/samba/smb.conf 文件的配置，配置内容根据访问 Samba 服务器方式的不同而有所区别。

7.7.1　匿名方式访问 Samba 服务器

例 7.5　在 LAN 环境下，搭建匿名 Samba 服务器，共享目录为/test，Samba 服务器的 IP 地址为 192.168.10.3。

配置过程如下：

（1）挂载光盘

```
# mount /dev/sr0 /mnt
```

（2）安装 Samba 服务器

```
# vi /etc/yum.repos.d/rhel7.repo
[name]
name=rhel7
baseurl=file:///mnt            #使用 file 协议，指定路径为挂载光盘的目录，即/mnt
enabled=1
gpgcheck=0                     #切换到末行模式后保存退出
# cd /mnt/Packages
# yum install samba* -y
```

（3）创建共享目录及修改配置文件

```
# mkdir /test
# cd /test
# touch file file1 file2 file3
# chmod 755 /test
# cd /
# ls -Z / | grep test
drwxrwxrwx. root root unconfined_u:object_r:default_t:s0 test
# chcon -t samba_share_t /test                    #设置共享目录/test 的安全值
# vi /etc/samba/smb.conf
修改第 8 行: security = user
添加第 9 行: map to guest = Bad User
在末尾添加:
[test]
        comment = this is a test
        path = /test
        writable = yes
        browseable=yes
```

```
          guest ok = yes
```
（4）启动
```
# setenforce  0
# systemctl  restart  smb.service
# systemctl  restart  nmb.service
# systemctl  stop  firewalld.service
```
（5）测试

打开桌面上的"此电脑"，在地址栏中输入\\192.168.10.3，按 Enter 键后弹出 Samba 服务器工作页面，如图 7-7 所示，表示匿名 Samba 服务器已经安装成功。

图 7-7　Samba 服务器工作页面

为了 Windows 开机后方便使用 Samba 服务，可以把 Samba 服务添加到"此电脑"的网络位置上。打开"此电脑"，在右侧空白处单击鼠标右键，在弹出的快捷菜单中选择"添加一个网络位置"命令，在"添加网络位置向导"页面的"指定网站的位置"设置框中输入图 7-8 所示的内容，单击"下一步"按钮直至完成，此时在"此电脑"的打开页面中显示图 7-9 所示的图标。

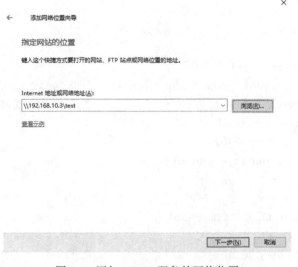

图 7-8　添加 Samba 服务的网络位置

图 7-9　Windows 系统下的 Samba 服务图标

7.7.2　基于用户名和密码验证方式访问 Samba 服务器

使用用户名和密码验证方式访问 Samba 服务器与匿名方式访问过程相似，区别在于修改/etc/samba/smb.conf 文件中的访问方式以及创建 Samba 用户账号。

例 7.6　在 LAN 环境下，搭建 Samba 服务器，采用用户名和密码登录方式访问 Samba 服务器，Samba 服务器的 IP 地址为 192.168.10.3。

配置过程如下：

（1）创建共享目录和用户组

```
# mkdir  /smb
# groupadd  groupsmb
# chgrp  groupsmb  /smb
# chmod  777  /smb
```

（2）修改/etc/samba/smb.conf 配置文件

```
security = user
# map to guest = Bad User                      #注释掉第 9 行
[smb]
     comment = this is a smb
     path = /smb
     public = yes
     writeable = yes
     write list = @groupsmb
```

（3）添加 Samba 用户账号

```
# useradd -g  groupsmb  smbzhangkui          #添加 Samba 账号
# smbpasswd -a  smbzhangkui                   #设置登录密码为 123456
```

（4）设置 Samba 服务的 selinux 值

```
# getsebool   -a |grep samba                  #查看 Samba 进程的 boolean 值
samba_create_home_dirs --> off
samba_domain_controller --> off
samba_enable_home_dirs --> off
samba_export_all_ro --> off
# setsebool -P samba_create_home_dirs on      #打开创建目录的开关
# setsebool -P samba_enable_home_dirs on      #打开主目录可用的开关
```

（5）启动 Samba 服务

```
# setenforce 0                          #将系统设置为警告模式
# systemctl  restart  smb.service
# systemctl  restart  nmb.service
# systemctl  stop  firewalld.service
```

（6）测试

打开桌面上的"此电脑"，在地址栏中输入\\\\192.168.10.3，按 Enter 键后弹出 Samba 用户名和密码认证对话框，如图 7-10 所示。输入 Samba 账号和密码，单击"确定"按钮后进入 Samba 服务器管理页面，如图 7-11 所示。

图 7-10　Samba 用户名和密码认证对话框

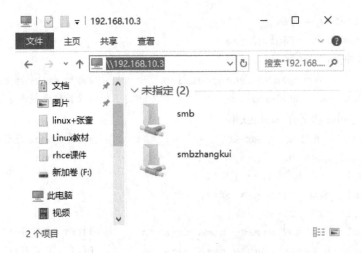

图 7-11　Samba 服务器管理页面

由于每次与 Samba 服务器建立连接，连接信息都会缓存到本地，因此再一次登录可能会进入缓存连接，直接登录到 Samba 服务器。这不符合新的 Samba 服务器连接需求，可以在 DOS 命令提示符下输入命令"net use * /del"，删除缓存的连接信息，那么新的 Samba 连接就会生效，如图 7-12 所示。

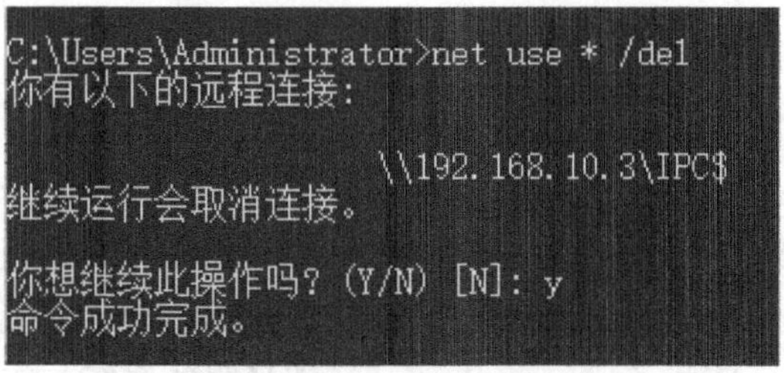

图 7-12　删除缓存中的 Samba 连接

习题 7

7.1　简述 FTP 服务的工作原理。常见的 FTP 数据传输模式及用户有哪些？

7.2　安装 vsftpd 服务器，实现匿名用户下载、上传及修改文件。

7.3　安装 vsftpd 服务器，实现基于用户名和密码验证方式登录服务，可以下载、上传及修改文件。

7.4　在 Windows 环境下下载并安装 HomeFtpServer 服务器软件，实现局域网环境下用户上传、下载及修改文件。

7.5　简述 Samba 服务功能。常见的 Samba 服务安全等级有哪些？Linux 系统默认采用哪个等级？

7.6　安装 Samba 服务器，实现匿名用户使用 Samba 服务。

7.7　安装 Samba 服务器，实现基于用户名和密码验证方式使用 Samba 服务。

7.8　简述 FTP 服务和 Samba 服务的区别。

第 8 章 Web 服务与 DNS 服务

随着因特网的快速发展以及 Web 技术的广泛应用，人们通过浏览器使用 Web 服务已成为获取资源的重要手段。正是由于 Web 服务的广泛应用，进而推动了"互联网+"思维的广泛普及。本章首先介绍 Web 服务的相关概念，并对 Web 服务的配置文件进行说明；其次介绍 LAMP（Linux+Apache+Mysql+PHP）架构，以案例的形式介绍 Web 网站的安装及配置过程；最后介绍 DNS（Domain Name System，域名服务系统）的基本概念、DNS 服务、DNS 服务器配置实例。

8.1 Web 相关概念

1．Web 服务

Web 服务是能提供一种交互式图形界面的网络服务，它具有非常强大的信息链接功能，其原有的客户端/服务器模式正逐渐被浏览器/服务器模式所取代。Web 服务具有以下特点：

- 图形化界面，易于导航。
- 动态交互。
- 与平台无关。
- 分布式的。

2．Web 服务的工作原理

Web 服务基于客户端/服务器模式。一般来说，Web 客户端就是浏览器，可发送 Web 请求，接收服务器响应，并将响应结果显示在页面上。而 Web 服务器是 Apache、Nginx、IIS 等软件，TCP 提供监听 TCP 80 或 8080 等 Web 端口，接收 Web 客户端请求，以及检查请求的合法性，并将响应结果发送给 Web 客户端的功能。Web 客户端与 Web 服务器数据传输遵循 HTTP 协议。

Web 客户端和服务器通信过程如下：

1）用户在浏览器的地址栏中输入 URL 地址或者单击一个超链接时产生一个 Web 请求。

2）Web 请求通过网络发送到 URL 地址指定的 Web 服务器。

3）Web 服务器接收到指定端口（通常是 TCP 80 或者 8080）上的 Web 页面请求后，就发送一个应答报文，并在浏览器和服务器之间建立连接。

4）Web 服务器查找客户端的请求文档，若 Web 服务器查找到文档，就采用 HTTP 将所请求的文档传送给浏览器，若文档不存在，则服务器会发送相应的错误提示信息给客户端。

5）浏览器接收到文档后，就将它以 HTML 标签的形式显示出来。

6）浏览器断开与 Web 服务器的连接。

3．HTTP

HTTP（Hypertext Transfer Protocol，超文本传输协议）是基于 TCP/IP 协议栈的应用层协议，由因特网工程任务组（The Internet Engineering Task Force，IETF）和万维网联盟（World Wide Web Consortium，W3C）协调开发，最终形成 RFC 标准。HTTP 详细规定了浏览器和 Web 服务器之间相互通信的规则。

目前使用的 HTTP 版本有三种：HTTP 0.9、HTTP 1.0 和 HTTP 1.1。其中，HTTP 0.9 是 HTTP 的最初版本，功能简单，支持 GET 请求方式，仅能请求访问 HTML 格式的资源。HTTP 1.0 在 0.9 版本上做了改进，增加了 POST 和 HEAD 请求方式；不再局限于 0.9 版本的 HTML 格式，根据 Content-Type 可以支持多种数据格式，即 MIME 多用途互联网邮件扩展，如 text/html、image/jpeg 等；同时也开始支持 cache，就是当客户端在规定时间内访问同一网站时，直接访问 cache 即可。HTTP 1.1 版本引入了持久连接（Persistent Connection），即 TCP 连接默认不关闭，可以被多个请求复用。另外，一个 TCP 连接可以允许多个 HTTP 请求。目前，大部分 Web 服务器使用的是 HTTP 1.1 版本。

4．HTTP 请求方法

根据 HTTP 标准，HTTP 请求可以使用多种请求方法。

HTTP 1.0 定义了三种请求方法：GET、POST 和 HEAD 方法。

HTTP 1.1 新增了五种请求方法：OPTIONS、PUT、DELETE、TRACE 和 CONNECT 方法。

HTTP 请求方法说明见表 8-1。

表 8-1　HTTP 请求方法说明

方　　法	功　　能
GET	请求指定的页面信息，并返回消息主体
HEAD	获取 HTTP 报文头部信息
POST	将数据上传到服务器
PUT	将数据上传到服务器以取代指定文档的内容
DELETE	请求服务器删除指定的页面内容
CONNECT	HTTP 1.1 协议中预留给连接方式为管道方式的代理服务器
OPTIONS	允许客户端查看服务器的性能
TRACE	回显服务器收到的请求，主要用于测试或诊断

5．HTTP 应答

HTTP 消息的应答行由三部分组成，即 HTTP 版本、响应代码和响应描述。其中，HTTP 版本表示服务器可以接受的最高协议版本；响应代码由三位数字组成，表示请求成功或失败，如果失败则指出原因；响应描述对响应代码进行了解释。响应代码的规定如下：

1**：服务器收到信息，客户端继续执行。

2**：客户请求被服务器成功接收并进行处理。

3**：服务器给客户返回用于重定向的信息。

4**：客户端请求有错误的语法。

5**：服务器未能正常处理客户端的请求而出现的差错。

下面四种状态行在响应报文中会经常遇到。

```
HTTP/1.1  202  Accepted                    #接收客户端请求
HTTP/1.1  301  Moved Permanently
#被请求的资源已永久移动到新位置，浏览器会自动跳转到新的 URL
HTTP/1.1  400  Bad Request                 #客户端请求错误
HTTP/1.1  404  Not Found                   #请求的 URL 在服务器不存在
```

6. Web 服务器软件

Linux 系统下常见的 Web 服务器软件有：

Apache：是 Apache 软件基金会的一个开放源码的网页服务器，可以运行在大多数 Linux 操作系统中，由于其具有速度快、性能稳定、多平台支持等特点，现已成为全球使用量排名第一的 Web 服务器软件。Apache 起初由伊利诺伊大学香槟分校的国家超级计算机应用中心开发，此后，经过开放源代码团体的成员不断发展和加强，Apache 服务器已经广泛应用在超过半数的因特网网站中。1998 年 6 月，Apache 1.3 版本发布；2002 年，Apache 2.0 版本发布；目前正在使用的是 Apache 2.4 版本。

Nginx：是一款轻量级的 Web 服务器，也可以作为高性能的负载均衡反向代理 Web 服务器，它通过接收用户的请求并分发到合适的后台服务器上来提高集群系统的并发能力。其具有占用内存少、并发能力强的特点，目前在同类型的网页服务器中表现较好。

8.2 RHEL 7 下的 Web 服务

由于 Apache 在 Web 服务器领域具有较高的使用率，并且 RHEL 7 版本自带 Apache 软件，所以下面以 Apache 软件为例介绍 Web 服务。感兴趣的读者也可以尝试下载 Nginx 源代码包进行学习。

8.2.1 安装及管理 Web 服务

1. 安装 Apache 服务

RHEL 7 提供了 Apache 软件包，主要为 httpd-2.4.6-67.el7.x86_64.rpm。该软件提供 Web 服务所需的各项服务程序、开机默认选项文件等。使用 YUM 工具安装 Apache 服务器软件、HTML 手册等，命令如下：

```
# yum install httpd -y
```

2．管理 Apache 服务

Apache 服务器安装完毕后，在系统中以 httpd 进程的形式存在，可以通过对 httpd 进程的管理实现 Apache 服务管理。常见的管理命令如下：

```
# systemctl status | start | restart | stop httpd.service  #查看状态、启
动、重启、关闭服务
# systemctl enable | disable httpd.service      #开机启用或禁用服务
```

3．测试

在浏览器的地址栏中输入 192.168.10.3 后，显示 Apache 服务器测试页面，如图 8-1 所示，表示 Apache 服务器已经安装成功。

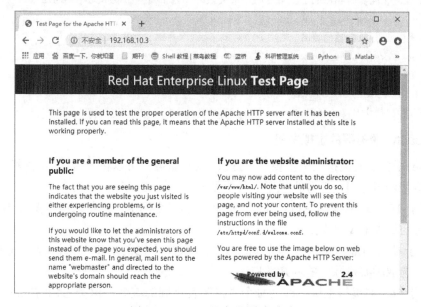

图 8-1　Apache 服务器测试页面

8.2.2　Web 服务配置文件

1．配置文件

RHEL 7 中 Apache 服务的配置文件如下：

/etc/httpd/conf/httpd.conf：Apache 的主配置文件，显示 Apache 服务器的监听端口号、工作目录、站点检索主页名、虚拟主机等信息。

/etc/httpd/conf.d/*.conf：Apache 的相关子配置文件。

/var/www/html：Web 服务器的默认工作目录。

/var/www/html/index.html：Web 服务器的默认主页。

2．/etc/httpd/conf/httpd.conf 文件简介

Apache 服务器安装成功后，会在/etc/httpd/conf 目录下产生 http.conf 文件。该文件中

带"#"号的行为注释行，用户可以通过注释行获取配置内容的方法。其常用配置语句说明如下：

```
ServerRoot "/etc/httpd"
#第31行，服务器的根目录，即存放配置文件、日志文件以及错误显示文件的位置
Listen 80
#第42行，Apache 服务器监听的端口
User apache
Group apache
#第66、67行，Apache 服务运行时使用的用户名和组名
ServerAdmin root@localhost
#第86行，管理员的邮件地址。当页面请求失败时，在出错页面显示此邮件地址
ServerName www.example.com:80
#第95行，Web 服务器的域名
DocumentRoot "/var/www/html"
#第119行，Web 服务器根文档目录
ErrorLog "logs/error_log"
#第182行，错误日志文件目录
```

3. Apache 服务器的虚拟主机

Apache 服务器的虚拟主机主要用于提供 Web 服务，可以将一台 Web 主机虚拟成多台 Web 服务器。虚拟主机一般分为以下三种类型：

1）基于 IP 地址的虚拟主机。即同一主机添加多个网卡，为每一网卡配置 IP 地址，适用于用户访问量大的 Web 网站。

2）基于端口的虚拟主机。即在同一主机上采用不同的端口号来区分不同的 Web 网站。端口号选取时要排除一些周知端口。

3）基于域名的虚拟主机。即为每个主机配置不同的域名，但是它们对应的 IP 地址是一致的。

一般情况下，一个 IP 地址与一个端口可以搭建一个 Web 网站，该端口可以采用 80 或者 8080 端口，适用于用户访问量比较大的站点。但是有时候需要多个 Web 网站为单位和部门用户提供不同的业务，那么一个 IP 地址与一个端口搭建一个 Web 网站就会显得资源浪费。这时单位就需要架设一台高性能的物理服务器，然后以虚拟主机的形式，通过 IP 和端口号来区分位于服务器上的不同 Web 进程。当用户根据 IP 和端口号来访问 Web 服务时，给用户的感觉好像是使用一台独立的服务器。需要注意的是，Web 端口的选择要排除那些周知端口，如21和23、25、53、69等。虚拟主机的配置示例如下：

```
<VirtualHost *:80>
    ServerAdmin webmaster@dummy-host.example.com
    DocumentRoot /www/docs/dummy-host.example.com
    ServerName dummy-host.example.com
    ErrorLog logs/dummy-host.example.com-error_log
    CustomLog logs/dummy-host.example.com-access_log common
</VirtualHos>
```

其中，"*"表示本机，"80"为 Web 服务器默认端口号。

ServerAdmin：用于指定当前虚拟主机的管理员 E-mail 地址。

DocumentRoot：用于指定当前虚拟主机的根文档目录。

ServerName：用于指定当前虚拟主机的名称，可以为 IP 地址或域名。

ErrorLog：用于指定当前虚拟主机的错误日志存放路径。

CustomLog：用于指定当前虚拟主机的访问日志存放路径。

8.3 Web 服务器配置实例

8.3.1 基于 IP 地址的虚拟主机网站

基于 IP 地址的虚拟主机网站，即采用不同的 IP 地址分别与多个网卡进行绑定，为每个 Web 网站分配一个 IP 地址。根据需要可以搭建一个 Web 网站和多个 Web 网站，一个 IP 地址与一个网卡搭建一个网站，两个 IP 地址与两个网卡搭建两个网站，多个 IP 地址搭建多个网站。

例 8.1 搭建两个基于 IP 地址的虚拟主机 Web 网站，即同一主机两个网卡，配置两个 IP 地址，搭建两个 Web 网站。Web 网站的参数配置见表 8-2。

表 8-2 Web 网站的参数配置

名　称	IP 地址	端　口　号	目　录	主　页	对应网卡
Web1	192.168.10.3	80	/var/www/html	index.html	ens33
Web2	192.168.10.30	81	/var/www/test1	index.html	ens38

配置过程如下：

（1）安装 Apache 服务器

```
[root@ksu ~]# yum install httpd -y
```

（2）编辑 Web1 和 Web2 的 index.html 主页

```
[root@ksu ~]# cd /var/www/html
[root@ksu html]# touch index.html
[root@ksu html]# vi index.html          #Web1 的 index.html 页面
<html>
<head><title>myweb1</title></head>
<body>
hello myweb1!</br>
hello 192.168.10.3:80!</br>
hello Apache!</br>
</body>
</html>
[root@ksu ~]# cd /var/www/
[root@ksu www]# mkdir test1
```

```
[root@ksu www]# cd test1
[root@ksu test1]# vi index.html          #Web2 的 index.html 页面
<html>
<head><title>myweb2</title></head>
<body>
hello myweb2!</br>
hello 192.168.10.30:81!</br>
hello Apache!</br>
</body>
</html>
```

（3）修改 Web 服务器配置文件

```
[root@ksu test1]# vi /etc/httpd/conf/httpd.conf
添加 43 行：  Listen 81
修改 119 行：DocumentRoot "/var/www"
修改 131 行：<Directory "/var/www">
<VirtualHost 192.168.10.3:80>                  #设置虚拟主机 1
DocumentRoot /var/www/html
Servername 192.168.10.3
</VirtualHost>
<VirtualHost 192.168.10.30:81>                 #设置虚拟主机 2
DocumentRoot /var/www/test1
Servername 192.168.10.30
</VirtualHost>
```

（4）重启 Apache 服务器

```
[root@ksu test1]# systemctl restart httpd.service
[root@ksu test1]# systemctl stop firewalld.service
```

（5）测试

在浏览器的地址栏中分别输入 http://192.168.10.3 和 http://192.168.10.30:81，按 Enter 键后显示图 8-2、图 8-3 所示的页面，表示 Web 服务搭建成功。

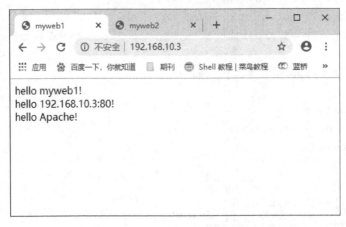

图 8-2　Web1 网站测试页面

图 8-3　Web2 网站测试页面

例 8.2　将 Web 网站的默认工作目录更换为/test。

配置过程如下：

```
[root@ksu ~]# mkdir  /test
[root@ksu ~]# cd  /test
[root@ksu test]# vi index.html
<html>
<head><title>myweb-test</title></head>
<body>
hello myweb-test!</br>
hello 192.168.10.3!</br>
hello Apache!</br>
</body>
</html>
[root@ksu test]# vi /etc/httpd/conf/httpd.conf
DocumentRoot "/test"                              #修改第 119 行
<Directory "/test">                               #修改第 124 行
<Directory "/test">                               #修改第 131 行
[root@ksu test]# chcon  -t  httpd_sys_content_t  /test  #修改/test 目录的安全值
[root@ksu test]# chmod  -R  777  /test
[root@ksu test]# systemctl  restart  httpd.service
```

在浏览器地址栏中输入 http://192.168.10.3，按 Enter 键后显示 Web 网站测试页面，如图 8-4 所示，表示 Web 服务器工作目录更换成功。

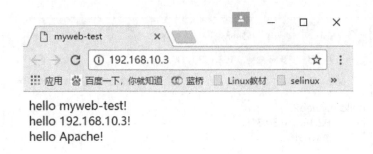

图 8-4 Web 网站测试页面

8.3.2 基于端口的虚拟主机网站

基于端口的虚拟主机网站，即通过不同的端口号来区分不同的 Web 网站。采用一个 IP 地址与一个端口搭建一个网站。也可以搭建多个 Web 网站，一个 IP 地址与两个端口搭建两个网站，一个 IP 地址与多个端口搭建多个网站。

例 8.3 搭建三个基于端口的虚拟主机 Web 网站，即采用一个 IP 地址和三个端口搭建三个网站。各 Web 网站的参数配置见表 8-3。

表 8-3 各 Web 网站的参数配置

名　　称	IP 地址	端　口　号	目　　录	主　　页
Web1	192.168.10.3	81	/var/www/web1	index.html
Web2	192.168.10.3	82	/var/www/web2	index.html
Web3	192.168.10.3	83	/var/www/web3	index.html

在搭建单个 Web 网站的基础上创建网站的目录以及对应的主页文件，配置过程如下：
（1）创建网站目录及主页

```
[root@ksu ~]# cd /var/www
[root@ksu www]# mkdir web1 web2 web3
[root@ksu www]# touch  web1/index.html  web2/index.html  web3/index.html
```

（2）编辑网站 index.html 页面

```
[root@ksu www]# vi  web1/index.html
#web2/index.html、web3/index.html 的页面内容参考如下 web1/index.html
<html>
<head><title>web1</title></head>
<body>
hello web1!</br>
hello 192.168.10.3:81!</br>
hello Apache!</br>
</body>
```

```
</html>
```

（3）修改配置文件，设置端口虚拟主机

```
[root@ksu www]# cd /etc/httpd/conf
[root@ksu conf.d]# vi httpd.conf
Listen 81                              #添加81端口
Listen 82                              #添加82端口
Listen 83                              #添加83端口
<VirtualHost *:81>                     #设置虚拟主机1
DocumentRoot /var/www/web1
Servername 192.168.10.3
</VirtualHost>
<VirtualHost *:82>                     #设置虚拟主机2
DocumentRoot /var/www/web2
Servername 192.168.10.3
</VirtualHost>
<VirtualHost *:83>                     #设置虚拟主机3
DocumentRoot /var/www/web3
Servername 192.168.10.3
</VirtualHost>
```

（4）重启 Apache 服务器

```
[root@ksu conf.d]# systemctl restart httpd.service
```

（5）测试

在浏览器地址栏中输入 http://192.168.10.3:81，按 Enter 键后显示图 8-5 所示的页面，表示 Web1 网站搭建成功。按照同样的方法，输入 http://192.168.10.3:82 以及 http://192.168.10.3:83 测试 Web2 和 Web3 网站页面。

图 8-5　Web1 网站测试页面

IP 地址和 81、82、83 端口的组合，可以显示三个不同的页面，说明这三个网站已经搭建成功。在此基础上，用户可以使用 IP 地址与多端口的组合搭建多个网站，搭建过程和方法与本例一致，用户可以自行操作。

8.3.3　基于域名的虚拟主机网站

基于域名的虚拟主机实际上是基于不同主机名的虚拟主机，即对同一个 IP 地址设置不同的主机名称，然后在本地域名配置文件中设置不同主机名到 IP 地址的映射。同样，需要在 Web 服务配置文件设置基于域名的虚拟主机。

例 8.4 搭建两个基于域名的虚拟主机 Web 网站，各 Web 网站的参数配置见表 8-4。

表 8-4 各 Web 网站的参数配置

名　称	IP 地址	端　口　号	目　录	主　页
zk111	192.168.10.3	80	/var/www/zk111	index.html
zk222	192.168.10.3	81	/var/www/zk222	index.html

在搭建单个 Web 网站的基础上创建网站的目录以及对应的主页文件，配置过程如下：

（1）创建网站目录及主页

```
[root@ksu ~]# cd /var/www
[root@ksu www]# mkdir zk111 zk222
[root@ksu www]# touch zk111/index.html zk222/index.html
```

（2）编辑网站 index.html 页面

```
[root@ksu www]# vi web1/index.html
#页面内容参考如下，zk222/index.html 的页面内容编辑参考 zk111/index.html
<html>
<head><title>zk111</title></head>
<body>
hello zk111!</br>
hello 192.168.10.3:80!</br>
hello Apache!</br>
</body>
</html>
```

（3）设置本地主机域名配置文件

```
[root@ksu ~]# cat /etc/hosts
192.168.10.3 www.zk111.com
192.168.10.3 www.zk222.com
```

（4）修改配置文件，设置端口虚拟主机

```
[root@ksu www]# cd /etc/httpd/conf
[root@ksu conf.d]# vi httpd.conf
<VirtualHost 192.168.10.3:80>                    #设置虚拟主机 1
DocumentRoot /var/www/zk111
Servername www.zk111.com
</VirtualHost>
<VirtualHost 192.168.10.3:81>                    #设置虚拟主机 2
DocumentRoot /var/www/zk222
Servername www.zk222.com
</VirtualHost>
```

（5）重启 Apache 服务器

```
[root@ksu conf.d]# systemctl restart httpd.service
```

（6）测试

由于 www.zk111.com 和 www.zk222.com 域名没有在本地 DNS 服务器中注册，所以异地 Windows 主机不能访问。用户可以在本地端通过域名进行访问，访问页面如图 8-6、图 8-7 所示。

图 8-6　www.zk111.com 域名访问 Web 服务器

图 8-7　www.zk222.com 域名访问 Web 服务器

8.3.4　搭建 LAMP 架构的 Web 网站

1．LAMP 简介

LAMP 架构是目前网络上流行的 Web 服务框架，该框架包括 Linux 操作系统、Apache 服务器、MySQL 关系型数据库以及 PHP 编程语言。LAMP 架构的所有组件均属于开源软件，本身都是各自独立的程序，但是因为经常被放在一起使用，因此拥有了越来越高的兼容度，使其更适用于构建动态网站以及开发 Web 应用程序，现已成为网络上流行的 Web 架构。

目前很多流行的商业应用都采取 LAMP 架构。与 Java/J2EE 架构相比，LAMP 具有 Web 资源丰富、轻量、快速开发等特点；与微软的.NET 架构相比，LAMP 具有通用、跨平台、高性能、低价格的优势。因此，LAMP 无论是在性能、质量方面还是在价格方面，都是企业建站的首选平台。

2．LAMP 组件

LAMP 组件由 Linux 操作系统、Apache 服务器、MySQL 关系型数据库以及 PHP/Perl/Python 编程语言四个部分组成。

Linux 操作系统：Linux 操作系统有很多个不同的发行版本，如 Red Hat、Fedora、CentOS、Ubuntu、FreeBSD 等。

Apache 服务器：Web 服务器的角色除了由 Apache 提供外，还有 Nginx、Haproxy 等。

MySQL 关系型数据库：MySQL 作为 LAMP 的关系数据库管理系统的原始角色，已经逐步被 MariaDB、NoSQL 数据库取代。

PHP/Perl/Python：PHP 是一种服务器脚本语言，专为 Web 开发而设计；Perl 是一系列高级、通用、解释型的动态编程语言；Python 是一种面向对象的通用高级编程语言，支持多种编程范例，包括面向对象、命令式、功能和过程范式。

例 8.5 采用开源软件 Discuz 搭建基于 LAMP 架构（Linux+Apache+MySQL+PHP）的 Web 论坛网站。

需要到社区动力论坛官网上（https://www.discuz.net/forum.php）下载 Discuz_X3.3_SC_UTF8.zip 源代码。详细配置过程如下：

（1）安装 Apache

```
[root@ksu ~]# mount /dev/sr0 /mnt
[root@ksu ~]# cd /mnt/Packages/
[root@ksu ~]# yum install httpd-* -y
```

（2）安装 MySQL 以及 PHP

```
[root@ksu Packages]# yum install mariadb-server-5.5.56-2.el7.x86_64.rpm
-y #安装 MySQL
[root@ksu Packages]# yum install php-5.4.16-42.el7.x86_64.rpm -y
#安装 PHP
[root@ksu Packages]# yum install php-mysql-5.4.16-42.el7.x86_64.rpm -y
#安装 php-mysql
```

（3）配置 MySQL 数据库

```
[root@ksu Packages]# systemctl start mariadb.service
[root@ksu Packages]# mysqladmin -uroot password 123456   #设置 MySQL 账号和
密码
[root@ksu Packages]# mysql -uroot -p123456               #登录 MySQL 数据库
MariaDB [(none)]> show databases;
MariaDB [(none)]> create database luntan;                #创建 luntan 数据库
MariaDB [(none)]>quit
```

（4）上传及安装 Discuz_X3.3 软件包

```
[root@ksu Packages]# yum install lrzsz-0.12.20-36.el7.x86_64.rpm -y
#安装 lrzsz 上传和下载软件
[root@ksu Packages]# cd /var/www/html
[root@ksu html]# rz                     #用户需要下载 Discuz_X3.3 源代码到本机
[root@ksu html]# unzip Discuz_X3.3_SC_UTF8.zip
[root@ksu html]# chmod -R 777 upload
[root@ksu html]# setenforce Permissive
[root@ksu www]# systemctl restart httpd.service
```

在浏览器地址栏中输入 http://192.168.10.3/upload，按 Enter 键之后进入 Discuz_X3.3 软件的安装页面，从中可配置数据库名称、数据库用户名和密码、管理员账号和密码登录信息，如图 8-8 所示，按照提示操作直到安装完成。

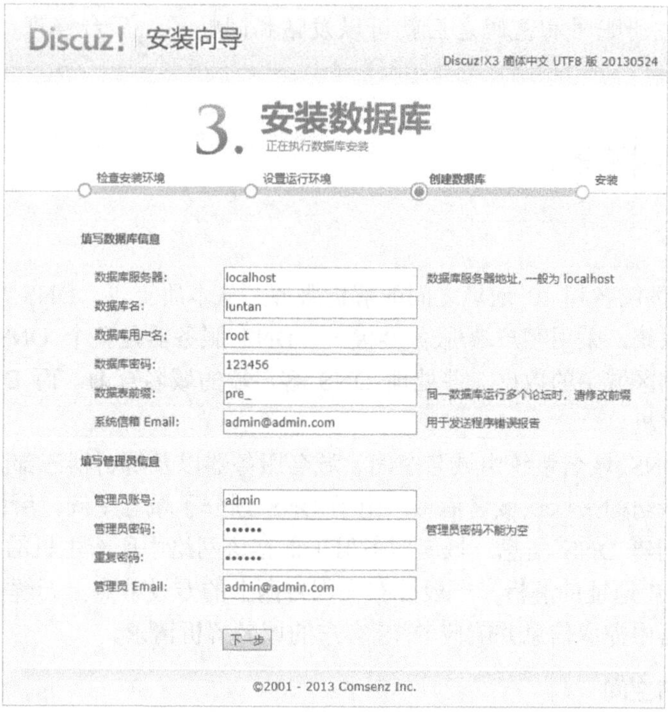

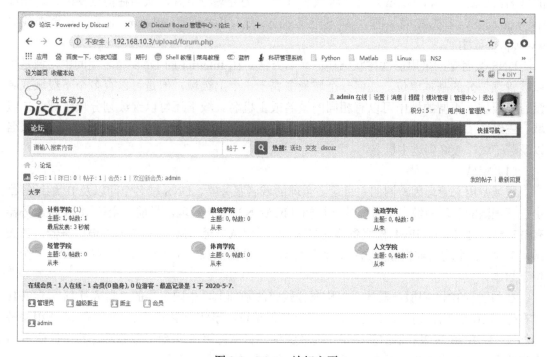

图 8-8　安装数据库

　　在浏览器地址栏中输入 http://192.168.10.3/upload/admin.php，进入 Discuz_X3.3 后台管理页面，添加论坛的板块管理栏，最终论坛主页显示如图 8-9 所示。

图 8-9　Discuz 论坛主页

普通访客在注册账号和密码之后就可以发帖和回帖了。后台管理员账号具有删帖的权限。

8.4 DNS 相关概念

1. DNS 简介

DNS 用于提供域名和 IP 地址之间的解析服务。从本质上讲，DNS 域名系统是一个联机分布式数据库系统，采用客户端/服务器模式。DNS 服务器是整个 DNS 系统的核心，负责管理和维护所辖区域中的数据，并处理 DNS 客户端的域名查询。而 DNS 客户端是指有域名解析请求的主机。

一般来说，DNS 域名系统由域名空间、域名服务器以及解析器三部分组成。其中，域名空间以层次树状结构来标识域名信息。由于 DNS 划分了域名空间，所以各机构可以使用自己的域名空间创建 DNS 信息。域名服务器可保存该网络中所有主机的域名和对应 IP 地址，提供域名到 IP 地址的解析，一般分布在因特网上的专设节点上。解析器是一组应用程序，用于从服务器中提取信息并响应 DNS 客户的域名解析请求。

2. DNS 域名空间

域名是一组用点（即 . ）隔开的标号序列。在浏览器中输入一个域名并提交后，浏览器就会在最后自动加上一个点，形成一个完整主机名（Fully Qualified Domain Name，FQDN）。FQDN 最左边的是主机名，最右边的是根（.）。比如输入 www.qq.com，那么提交的域名其实是 www.qq.com.。之后将域名以"."为分隔符拆开，从后往前依次解析。比如 www.qq.com.，首先在根（即 . ）下查找.com 域，再去查找 qq.com 子域，直至查找到 www.qq.com.主机。

DNS 域名空间采用层次树状结构的命名方法。在 Internet 的 DNS 域名空间中，域是可以被管理划分的基本单位，任何一个域最多属于一个上级域，但是可以有多个下级域或者没有下级域，不同的域中可以有相同的域名或主机名。域下还可以继续划分顶级域、二级域、三级域，等等。也就是说，一个完整的 FQDN 从根域开始，连接顶级域名、二级域名以及若干域，最终到达主机名。

（1）根域

根域是用来管理因特网的主目录。全球的域名服务器、DNS 域名空间以及 IP 地址等都由位于美国的互联网域名与号码分配机构（ICANN）统一管理。目前，全球 IPv4 根服务器有 13 台，这 13 台 IPv4 根服务器的名称分别为"A"至"M"。1 个为主根服务器，在美国。其余 12 个均为辅根服务器：9 个在美国；2 个在欧洲，位于英国和瑞典；亚洲 1 个，位于日本。

在与现有 IPv4 根服务器体系架构充分兼容的基础上，中国主导的"雪人计划"于 2016 年在全球 16 个国家完成了 25 台 IPv6 根服务器架设，事实上形成了 13 台原有 IPv4 根服务器加 25 台 IPv6 根服务器的新格局。而在我国，目前部署了 4 台根服务器，其中包括 1 台主根服务器和 3 台辅根服务器，打破了过去没有根服务器的格局。

（2）顶级域名

顶级域名是根域的下一级域名，包括通用顶级域名、国家顶级域名以及基础结构域名，其数目有限。通用顶级域名包括以 com、net、org、int、edu、gov、mil 结尾的 7 个常用域名，还包括以 aero（航空运输企业）、biz（公司和企业）、cat（加泰隆人的语言和文化团体）、coop（合作团体）、info（各种情况）、jobs（人力资源管理者）、mobi（移动产品与服务的用户和提供者）、museum（博物馆）、name（个人）、pro（有证书的专业人员）、travel（旅游业）结尾的 11 个通用顶级域名。目前 200 多个国家都按照 ISO 3166 国家代码规定分配了国家顶级域名，如 cn 表示中国，us 表示美国、de 表示德国、au 表示澳大利亚，等等。

对于基础结构域名，该顶级域名只有一个，即 arpa，用于反向域名解析，实现 IP 地址到域名的解析，因此也称为反向域名。

（3）子域

在 DNS 域名空间中，除根域和顶级域名之外，其他域都是子域。在 FQDN 中，各级域名之间用“.”分隔，最右边的字符组称为顶级域名或一级域名，倒数第二组称为二级域名，倒数第三组称为三级域名，以此类推。如 www.qq.com 中的 com 就是通用顶级域名，qq 就是二级域名，www 就是三级域名。www.ksu.edu.cn 中的 cn 就是国家顶级域名，edu 就是二级域名，ksu 就是三级域名，www 就是四级域名。

3．域名服务器分类

Linux 下的域名服务器主要包括以下三种。

1）主域名服务器：负责维护一个区域的所有域名信息，是特定域中所有信息的权威来源，其数据可以修改。主域名服务器需要配置一组完整的配置文件，即主配置文件（named.conf）、正向区域配置文件（named.hosts）、反向区域配置文件（named.rev）、高速缓存初始文件（named.ca）和回送文件（named.local）。

2）辅助域名服务器：辅助域名服务器中区域文件的数据是从主域名服务器中复制过来的，提供冗余服务。当主域名服务器出现故障或关闭，以及负载过重时，辅助域名服务器作为主域名服务器的备份就会提供域名解析服务。该服务器具有容错能力强、减少广域链路的通信量以及减轻主域名服务器负载的优点。

3）高速缓存域名服务器：从某台远程服务器取得域名服务器的查询信息后，一旦取得一个应答，就将它放在高速缓存中，以后查询相同的信息时就使用高速缓存中的数据进行回答。

4．域名查询及解析过程

当用户通过域名来访问网络上的某一台主机时，首先需要发送域名解析请求数据包，得到这个域名对应的 IP 地址。另外，还可以从本机的/etc/hosts 文件中得到主机名称所对应的 IP 地址，但如果 hosts 文件不能解析该主机名称，那么本机只能以客户机的身份向设定的 DNS 服务器发送查询请求。DNS 在进行域名查询时可以采用不同方式，有以下四种类型：

1）本地解析：客户端使用本地缓存信息进行应答，这些缓存信息是通过以前的查询得到的。

2）直接解析：若本地解析失败，则直接向客户端所设定的 DNS 服务器发出解析请求，使用的是该 DNS 服务器的资源记录缓存或者其权威的回答。

3）递归查询：即设定的 DNS 服务器代表客户端向其他 DNS 服务器查询，以便完全解析该名称，并将结果返回至客户端。

4）迭代查询：即设定的 DNS 服务器向客户端返回一个可以解析该域名的其他 DNS 服务器，客户端再继续向其他 DNS 服务器查询。

域名解析的过程如下：

1）客户端提出域名解析请求，并将该请求发送给本地域名服务器。

2）当本地域名服务器收到解析请求后，首先查询本地缓存。如果有所查询的 DNS 记录项，则直接返回查询的结果。如果没有，则本地域名服务器就把请求发送到根域名服务器。

3）根域名服务器再返回给本地域名服务器一个所查询域的顶级域名服务器的 IP 地址。

4）本地域名服务器向返回的域名服务器发送请求，接收到该查询请求的域名服务器查询其缓存，如果存在相关信息则返回给客户端查询结果，否则返回下级域名服务器的地址。

5）本地域名服务器向上一步查询的域名服务器发送请求，收到该请求的域名服务器查询其缓存，返回与此请求所对应的记录或相关的下级域名服务器的地址，本地域名服务将返回的结果保存到缓存。如果该域名服务器不包含查询的 DNS 信息，则查询过程将重复该步骤，直到返回解析信息或者解析失败的回应。

5．Linux 下的 bind 软件

bind 是 Berkeley Internet Name Domain Service 的简写，它是一款实现 DNS 服务器的开源代码软件。bind 原本是美国国防高级研究计划局资助伯克利大学开设的一个研究生课题，后来经过多年的发展，已经成为世界上使用最为广泛的 DNS 服务器软件。目前因特网上绝大多数的 DNS 服务器都是用 bind 软件架设的，bind 软件能够运行在当前大多数的操作系统平台之上，bind 的守护进程是 named。

8.5　RHEL 7 下的 DNS 服务

下面以 RHEL 7 提供的 bind 软件包为例，介绍 DNS 服务的安装及管理、DNS 服务配置文件。

8.5.1　安装及管理 DNS 服务

1．安装 DNS 服务

RHEL 7 提供了 bind 的 RPM 软件包，版本为 bind-9.9.4-50.el7.x86_64.rpm。提供的软

件包说明如下：

　　bind：bind 的主程序包。

　　bind-libs：bind 相关的库文件。

　　bind-chroot：将 bind 设定文件和程序限制在虚拟根目录下。

　　bind-utils：提供了客户端搜索主机名的相关命令。

　　caching-nameserver：bind 作为缓冲服务器的软件包。

　　使用 YUM 工具安装 bind 服务器软件，命令如下：

```
# yum install bind -y
```

2．管理 DNS 服务

　　DNS 服务器安装完毕后，在系统中以 named 进程的形式存在，可以通过对 named 进程的管理实现 DNS 服务管理。常见的管理命令如下：

```
# systemctl status | start | restart | stop named.service  #查看状态、启动、
重启、关闭服务
# systemctl enable | disable named.service      #开机启用或禁用服务
```

3．测试

　　在配置客户端的 DNS 地址之后，通过 ping、nslookup 以及域名访问等方式测试 DNS 服务以及其他服务。

8.5.2　DNS 服务配置文件

1．bind 的相关文件

RHEL 7 中 bind 服务的配置文件如下：

/etc/named.conf：bind 的主配置文件。

/var/named：bind 区域配置文件的默认存放目录。

/var/named/named.ca：存放根服务器的文件。

　　在配置文件中，带"//"以及"/*…*/"的行都是注释行，用于对配置文件以及配置行进行说明。

2．/etc/named.conf 主配置文件简介

　　named 进程在运行时首先读取/etc/named.conf 文件，文件内容主要包括 bind 服务的基本配置信息，如全局配置信息、区域定义信息等。named.conf 文件的主要配置语句见表 8-5。

表 8-5　named.conf 文件的主要配置语句

配 置 语 句	功　　　能
acl	定义 IP 地址的访问控制列表
controls	定义 rndc 命令使用的控制通道
include	将其他文件内容包含到主配置中
key	定义密钥信息

（续）

配 置 语 句	功　　能
logging	设置日志服务器
options	设置 DNS 服务器的全局配置选项
server	定义远程服务器的特征
trusted-keys	为服务器定义 DNSSED 密钥
view	定义一个视图
zone	定义一个区域

主配置文件内容分为 options、logging 以及 zone 三个段，各内容的详细说明如下：

（1）options 全局配置

```
options {
        listen-on port 53 { 127.0.0.1; };      #指定监听本机的 53 号端口
        listen-on-v6 port 53 { ::1; };         #指定在 IPv6 环境下监听 53 号端口
        directory       "/var/named";          #定义服务器配置文件的工作目录
        dump-file       "/var/named/data/cache_dump.db";
        #指定域名缓存文件的保存位置和文件名
        statistics-file "/var/named/data/named_stats.txt";      #指定记录统
计信息的文件
        memstatistics-file "/var/named/data/named_mem_stats.txt";
        #指定记录内存使用情况、统计信息的文件
        allow-query     { localhost; };  #指定允许查询的主机，默认为本机查询
        recursion yes;                         #是否使用递归式 DNS 服务器，默认为 yes
        dnssec-enable yes;                     #是否使用 DNSSEC 相关的资源记录，默认为 yes
        dnssec-validation yes;
        #指定确保资源记录经过 DNSSEC 验证为可信的，默认为 yes
        bindkeys-file "/etc/named.iscdlv.key";
        managed-keys-directory "/var/named/dynamic";
        pid-file "/run/named/named.pid";
        session-keyfile "/run/named/session.key";
};
```

（2）logging 段

```
logging {
        channel default_debug {
                file "data/named.run";
                severity dynamic;
        };
};
```

其中，named.run 文件记录了 named 服务运行时的缓存信息，如监听/解析记录等。该文件存放在/var/named/data 目录下。

（3）zone 区域配置

```
zone "." IN {
```

```
            type hint;
            file "named.ca";
};
```

"."：代表根区域。

IN：表明是 Internet 记录。

named.ca：设置根区域文件的名称，位于/var/named 目录下，内容包含全球 DNS 根服务器的地址信息，有 13 条根记录。

type：指定区域的类型。取值可以为 master、hint、slave，详细说明如下：

- master：表明这个区域为主域名服务器。
- hint：表明这个区域在启动时初始化高速缓存的域名服务器。
- slave：表明这个区域为辅助域名服务器。

file：指定 zone 文件，默认已经生成。

3．正向解析区域配置文件

区域配置文件定义了一个区域的域名信息，通常保存在/var/named 目录下。每个区域配置文件都由若干个资源记录（Resource Records，RR）和区域文件指令组成。

标准资源记录的基本格式如下：

```
[name]   [ttl]   IN   type   rdata
```

字段之间由空格或制表符分隔。表 8-6 列出了这些字段的说明，常见的标准资源记录类型见表 8-7。

表 8-6　标准资源记录中的字段

字　　段	说　　明
name	资源记录的引用域对象，可以是一台单独的主机，也可以是整个域
ttl	生存时间。以秒为单位定义该资源记录中的信息存放在高速缓存的时间
IN	将该记录标识为一个 Internet DNS 资源记录
type	指定资源记录类型
rdata	指定与这个资源记录有关的数据

表 8-7　常见标准资源记录类型

类　　型	说　　明
SOA	区域授权起始记录，区域文件的第一条记录，而且一个区域文件只能有一条
NS	域的授权域名服务器，用来指定该域名由哪个 DNS 服务器进行解析
A	IPv4 主机地址
AAAA	IPv6 主机地址
PTR	将 IP 地址解析为主机名
CNAME	权威名称，定义主机的别名记录

区域配置文件涉及的段落较多，下面以/var/named/named.localhost 文件为例说明区域配置文件各段的语法结构。

```
# vi /var/named/named.localhost
```

```
$TTL 1D
#生存时间为 1 天，指该资源记录中的信息在高速缓存中的生存时间，默认单位为秒，另外可设置为
[ M | H | D | W ]，分别表示分钟、小时、天、星期
@  IN SOA  @ rname.invalid. (
#第一个@表示默认域，SOA 表示一个授权域的开始，第二个@为根域，rname.invalid.表示管理
员的 E-mail 为 rname@invalid，尾部的 "." 为根域。以下为五组更新时间参数。
                    0   ; serial             #当前区域配置数据序列号
                    1D  ; refresh            #辅助域名服务器更新数据的周期
                    1H  ; retry       #辅助域名服务器更新数据失败后多长时间再试
                    1W  ; expire
                    #辅助域名服务器无法从主服务器更新数据时，现有数据何时失效
                    3H )   ; minimum
                    #设置被缓存的否定回答存活时间，而肯定回答的默认值是由$TTL 设定
    NS    @                         #直接输入域名，访问@，即本地域名服务器
    A127.0.0.1                      #直接输入域名，解析到的 IPv4 的 IP
    AAAA ::1                        #直接输入域名，解析到的 IPv6 的 IP
```

4．反向解析区域配置文件

反向解析区域配置文件的结构和格式与区域配置文件类似，它的主要内容是建立 IP 地址映射到 DNS 域名的指针 PTR 资源记录。下面是 8.6 节中 DNS 服务器配置实例中的反向解析区域配置文件 192.168.10.zone 的内容。

```
$TTL 1D
@      IN SOA @ rname.invalid. (
                                20191024  ; serial
                                5m        ; refresh
                                15m       ; retry
                                1W        ; expire
                                3H )      ; minimum
        IN NS    lqb123.edu.cn.
3       IN PTR   www.lqb123.edu.cn.                      # 3 为主机号
```

反向解析通过 10.168.192.in-addr.arpa 域和 PTR 资源记录实现。其中，10.168.192.in-addr.arpa 域的入口可以设置成从最不重要到最重要的顺序，如从左到右的顺序，这与 IP 地址顺序相反。地址为 192.168.10.3 的主机对应的 in-addr.arpa 名称为 3.10.168.192.in-addr.arpa。PTR 资源记录的数据字段为主机号。

8.6 DNS 服务器配置实例

例 8.6 现在要为局域网配置一台 DNS 服务器，该服务器的 IP 地址为 192.168.10.3，DNS 服务器的域名为 lqb123.edu.cn，要求为局域网 192.168.10.0/24 网段提供正向和反向解析服务。

配置过程如下：

1）配置 DNS 服务器网卡的 IP 地址为 192.168.10.3。

2）利用 vi 编辑/etc/named.conf 主配置文件，添加正向区域文件和反向区域文件。

```
[root@ksu ~]# vi /etc/named.conf
options {
        listen-on port 53 { 192.168.10.3; };               #监听主机及端口
        listen-on-v6 port 53 { ::1; };
        directory       "/var/named";
        dump-file       "/var/named/data/cache_dump.db";
        statistics-file "/var/named/data/named_stats.txt";
        memstatistics-file "/var/named/data/named_mem_stats.txt";
        allow-query     { any; };
        allow-query-cache { any; };
        recursion yes;
};
logging {
        channel default_debug {
                file "data/named.run";
                severity dynamic;
        };
};
zone "." IN {
        type hint;
        file "named.ca";
};
zone "lqb123.edu.cn" IN {                                   #添加正向区域文件
        type master;
        file "lqb123.edu.cn.zone";
};
zone "10.168.192.in-addr.arpa" IN {                        #添加反向区域文件
        type master;
        file "192.168.10.zone";
};
```

3）利用 vi 编辑器，配置/var/named/ kdlqb.edu.cn.zone 正向解析区域配置文件，实现正向解析。

```
[root@ksu ~]# vi /var/named/lqb123.edu.cn.zone
$TTL 1D
@       IN SOA  @ rname.invalid. (
                                        20191024  ; serial
                                        5m     ; refresh
                                        15m    ; retry
                                        1W     ; expire
                                        3H )   ; minimum
```

```
            IN NS    lqb123.edu.cn.
lqb123      IN A     192.168.10.3
www         IN A     192.168.10.3
@           IN A     192.168.10.3
```

4）利用 vi 编辑器，配置/var/named/192.168.10.zone 反向解析区域配置文件，实现反向解析。

```
[root@ksu ~]# vi /var/named/192.168.10.zone
$TTL 1D
@       IN SOA  @ rname.invalid. (
                                20191024  ; serial
                                5m      ; refresh
                                15m     ; retry
                                1W      ; expire
                                3H )    ; minimum
        IN NS    lqb123.edu.cn.
3       IN PTR   www.lqb123.edu.cn.
```

5）配置 DNS 客户端的 IP 地址，使用该 DNS 服务器。

```
[root@ksu ~]# vi /etc/resolv.conf
# Generated by NetworkManager
search lqb123.edu.cn
nameserver 192.168.10.3
```

6）启动 named 守护进程，开始域名解析任务。

```
[root@ksu named]# systemctl restart named.service
[root@ksu named]# systemctl stop firewalld.service
```

7）配合客户端的 DNS 地址。

客户端需要配置 DNS 地址为 192.168.10.3。若需要使用 Windows 环境下的 VMnet8 或者 VMnet1 作为客户端，那么同样也要配置其 DNS 地址，即 192.168.10.3。

8）命令测试。

使用 ping 命令和 nslookup 命令检查域名解析是否生效。

```
[root@ksu ~]# ping www.lqb123.edu.cn
[root@ksu ~]# nslookup 192.168.10.3
Server:    192.168.10.3
Address: 192.168.10.3#53
3.10.168.192.in-addr.arpa  name = www.lqb123.edu.cn.
[root@ksu ~]# nslookup www.lqb123.edu.cn
Server:    192.168.10.3
Address:   192.168.10.3#53
Name:  www.lqb123.edu.cn
Address: 192.168.10.3
```

例 8.7 搭建 Web 服务器，其 IP 地址为 192.168.10.3，配置域名为 www.lqb123.edu.cn，实现通过域名访问 Web 服务器。

在刚才搭建的 DNS 服务器基础上搭建 Web 服务器，实现通过域名访问 Web 服务器。这里采用 192.168.10.3 的主机，即作为 DNS 服务器提供域名解析服务，也作为 Web 服务器提供 Web 服务。

读者可以参照 8.3.1 小节搭建单个 Web 服务器，在浏览器的地址栏输入 IP 地址以及域名来测试 Web 服务器。实现结果如图 8-10、图 8-11 所示。

图 8-10　IP 地址访问 Web 服务器

图 8-11　域名访问 Web 服务器

习题 8

8.1　简述 Web 服务的功能。常见的 Web 服务器软件有哪些？各使用在哪些环境下？

8.2　简述 LAMP 框架。

8.3　简述 DNS 服务功能以及域名空间。

8.4　在 LAN 环境下搭建个人 Web 网站，页面内容为"hello Linux！"，IP 地址为 192.168.10.10/24，网关为 192.168.10.2，然后通过 IP 地址访问 Web 页面。

8.5　在 LAN 环境下搭建个人 Web 网站，IP 地址为 192.168.10.10/24，网关为 192.168.10.2，安装并配置 DNS 服务器，实现分别通过 IP 地址和域名访问 Web 网站。

8.6　简述搭建多个 Web 网站的方法，以三个静态 Web 网站为例。IP 地址为 192.168.10.10/24，端口采用 80、81、82。

8.7　下载 Discuz_X3.0_SC_UTF8.zip 源代码，搭建和配置论坛网站，实现局域网内发帖、回帖以及删帖等。

第9章 E-mail 服务

E-mail 是因特网上最基本的也是使用最广泛的服务之一。正是由于电子邮件具有方便快捷、费用低廉以及内容丰富的优点，因此迅速取代了传统的邮政快递方式。本章介绍了E-mail、RHEL 7 下安装 Postfix、E-mail 服务器配置实例。

9.1 E-mail 简介

9.1.1 电子邮件概述

电子邮件是因特网上使用最多的和最受欢迎的服务之一，它是网络用户之间进行快速、可靠、低成本联络的通信手段。电子邮件把邮件发送到收件人的邮件服务器，并放在收件人的邮箱中，收件人在方便时到自己的邮箱中进行读取。电子邮件不但可以发送文本信息，还可以传输声音、图像、视频等多媒体信息。

1982 年，ARPNET 的电子邮件协议标准问世，包括简单邮件传送协议（Simple Mail Transfer Protocol，SMTP）和因特网报文格式，推动了电子邮件系统的发展。

9.1.2 邮件系统组成

1. 电子邮件系统组成

电子邮件系统基于客户端/服务器模式，邮件从发件人的客户端传送到收件人客户端的过程中，还需要邮件服务器之间的相互通信。电子邮件系统的工作过程如图 9-1 所示。

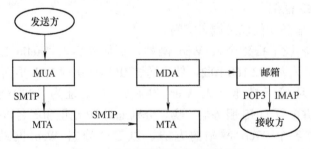

图 9-1 电子邮件系统的工作过程

其中，MUA 为邮件用户代理，又称为电子邮件客户端软件，是用户与电子邮件系统的接口，提供撰写、接收、阅读以及管理邮件等功能。常见的 MUA 软件有 Outlook Express、Foxmail 等。

MTA 为邮件传输代理，是邮件系统的核心部分。一方面，根据邮件的目标地址，接收邮件并进入缓存队列；另一方面，MTA 根据收件人地址决定发往不同的 MDA。Linux 系统提供的邮件传输代理有 Sendmail、Postfix、Qmail 等。

MDA 为邮件投递代理，接收从 MTA 转发来的邮件并投递到本地用户的邮箱。当接收者的地址与本机地址一致时，可以投递给一个本地用户的邮箱，此时 MDA 称为本地投递代理；当接收者的地址与本机地址不一致时，本地主机作为邮件中继，将邮件投递到其他 MDA。

邮件协议：发送电子邮件时使用 SMTP，接收电子邮件时使用 POP3 或者 IMAP。

2．邮件信息的传输过程

（1）撰写邮件

用户使用 MUA 撰写邮件，将撰写好的邮件通过 SMTP 传送给邮件传输代理 MTA。

（2）MTA 接收邮件

MTA 接收电子邮件，检查邮件的发送方、接收方、邮件内容是否有效，判断是否受理。如果收件人是本系统上的用户，则直接投递；如果是其他网络系统的用户，则需要把邮件投递给对方的 MTA。此时，可能会经过多个 MTA 的转发才能真正到达目的地。如果邮件无法投递给本地用户，也无法转交给其他用户，则会把邮件退还给发件人。

（3）远程 MTA 接收邮件

邮件到达收件人网络的 MTA，如果 MTA 判断收件人是本地系统用户，则将邮件交付给 MDA 处理，MDA 再把邮件投递到收件人的邮箱里。

（4）阅读邮件

收件人通过 MUA 来读取邮件内容，读取邮件时需要使用 POP3 或者 IMAP。

9.1.3　电子邮件协议

1．SMTP

SMTP 是一组用于从源地址到目的地址传送邮件的规则，由它来控制邮件的中转方式。SMTP 位于 TCP/IP 协议栈的应用层，采用客户端/服务器模式，默认采用 TCP 的 25 号端口，提供高效、可靠的邮件传输服务。SMTP 通常用于以下两种场合：一种是电子邮件从客户端传送到 SMTP 服务器；另一种是邮件从某一服务器传送到另一个服务器。

SMTP 工作机制通常有两种模式：发送 SMTP 和接收 SMTP。具体工作方式为：发送 SMTP 在接收到用户的邮件请求后，判断此邮件是否为本地邮件，若是则直接投送到用户邮箱，否则向 DNS 查询远端邮件服务器的 MX 记录（邮件交换记录），并建立起与远端接收 SMTP 之间的双向传送通道。此后，发送 SMTP 发出 SMTP 命令，接收 SMTP 负责接收，而应答则反方向传送。一旦传送通道建立，SMTP 发送方发送 MAIL 命令以指明邮件发送方。如果 SMTP 接收方可以接收邮件，则返回 OK 应答，SMTP 发送方再发出 RCPT 命令以确认邮件是否接收到。如果 SMTP 接收方接收到，则返回 OK 应答；如果未接收到，则发出拒绝接收应答。双方将如此反复多次。当接收方收到全部邮件后会接收到特别的序列，如果接收者成功处理了邮件，则返回 OK 应答。

SMTP 的工作过程如下：

1）建立 TCP 连接。发送方向接收方的 25 号端口发起 TCP 连接请求，接收方接收到该请求后，就建立起 TCP 连接。

2）客户端发送 HELO 命令，用于标识发件人的身份，然后客户端发送 MAIL 命令；服务器返回 OK 响应，表明准备接收。

3）客户端发送 RCPT 命令，以标识该电子邮件的收件人，也可以有多个 RCPT 行。如果服务器可以识别 RCPT 命令，则返回 OK，否则拒绝这个请求。

4）协商结束，使用 DATA 命令发送邮件。

5）客户端发送 QUIT 命令断开连接，结束电子邮件发送。

常见的 SMTP 命令见表 9-1。

表 9-1　常见的 SMTP 命令

命 令 名 称	功　　能
HELO	向服务器标识用户身份
MAIL FROM	告诉接收方即将发送一个新邮件，并对所有的状态和缓冲区进行初始化
RCPT TO	用来标志邮件接收者的地址，常用在 MAIL FROM 后，可以有多个 RCPT TO
DATA	将之后的数据作为正文内容，直到以 "." 号结束正文内容
REST	重置会话，取消当前传输
NOOP	要求服务器返回 OK 应答，一般用作测试
QUIT	结束会话
VRFY	验证指定的邮箱是否存在，由于安全方面的原因，服务器大多禁止此命令
EXPN	验证给定的邮箱列表是否存在，由于安全方面的原因，服务器大多禁止此命令
HELP	查询服务器支持什么命令

SMTP 接收方收到命令后，将根据具体情况返回应答给发送方，应答包含应答码和供人阅读的文本解释。常见的 SMTP 应答码及含义见表 9-2。

表 9-2　常见的 SMTP 应答码及含义

应 答 码	含 义	应 答 码	含 义
211	系统状态或系统帮助响应	452	系统存储不足，要求的操作未执行
214	帮助信息	501	参数格式错误
220	服务器就绪	502	命令不可实现
221	服务关闭	503	错误的命令序列
250	要求的邮件操作完成	504	命令参数不可实现
251	收件人非本地，将进行转发	550	要求的邮件操作未完成，邮箱不可用
354	开始邮件输入，以 "." 结束	551	用户非本地，需尝试
421	服务器未就绪，关闭传输信道	552	过量的存储分配，要求的操作未执行
450	要求的邮件操作未完成，邮箱不可用	553	邮箱名不可用，要求的操作未执行
451	放弃要求的操作，处理过程中出错	554	操作失败

2．POP3

POP3（Post Office Protocol 3，邮局协议版本 3）是关于接收电子邮件的客户端和服务器协议，规定了客户端以何种方式从邮件服务器处取得电子邮件。POP3 位于 TCP/IP 协议栈的应用层，采用客户端/服务器模式，默认采用 TCP 的 110 号端口，提供邮件下载服务。

POP3 的工作过程如下：

1）用户运行用户代理。

2）用户代理与邮件服务器的 110 号端口建立 TCP 连接。

3）客户端向服务器发出 POP3 命令，请求各种服务。

4）服务器解析接收到的命令，执行相应动作并返回给客户端一个响应。

5）在 3）和 4）之间交替进行，直到接收完所有的邮件后转到步骤 6），或者 TCP 连接被意外中断而直接退出。

6）用户代理解析从服务器获得的邮件，以可读的形式呈现给用户。

常见的 POP3 命令见表 9-3。

表 9-3　常见的 POP3 命令

命 令 名 称	功　能
USER Username	向服务器提交邮箱的地址
PASS Password	向服务器提交邮箱的密码，验证成功后，邮箱服务器会返回登录成功的消息
STAT	请求服务器返回邮箱的统计信息，如邮件总数和总字节数等
UIDL [n]	返回第 n 封邮件的唯一标识符
LIST [n]	列出第 n 封邮件的信息
RETR [n]	返回第 n 封邮件的全部文本
DELE [n]	删除第 n 封邮件，由 QUIT 命令执行
TOP [n, m]	返回第 n 封邮件的前 m 行内容
NOOP	空操作，用于测试连接是否成功
QUIT	结束会话，退出连接

3．IMAP

IMAP（Internet Message Access Protocol，网际消息访问协议）是通过因特网获取信息的一种协议，目前为第 4 版本。IMAP 位于 TCP/IP 协议栈的应用层，采用客户端/服务器模式，默认采用 TCP 的 143 号端口。

用户代理从邮件服务器的邮箱中下载邮件到本地，除 POP3 外，还有一种选择是采用 IMAP。虽然这两种协议都采用邮件客户端访问服务器上存储的邮件信息，但是 IMAP 除了支持 POP3 的全部功能，还提供摘要浏览功能使用户在阅读完所有的邮件主题、大小、发件人等信息后决定是否下载。IMAP 主要有以下几个特点：

1）支持在线和离线两种操作模式。

2）支持多用户。

3）支持消息状态保留。

4）支持多邮箱。

常见的 IMAP 命令见表 9-4。

表 9-4　常见的 IMAP 命令

命 令 名	功 能
CREATE	创建指定名称的新邮箱，邮箱名称通常是带路径的文件夹全名
DELETE	删除指定名称的邮箱，邮箱名称通常是带路径的文件夹全名
RENAME	修改邮箱名称，使用两个参数：当前邮箱名和新邮箱名
LIST	列出邮箱中的邮件
APPEND	使客户端上传一个邮件到指定邮箱中
SELECT	使客户端选定某一个邮箱
FETCH	读取邮件的文本信息
STORE	修改指定邮件的属性，包括已读标记、删除标记等
CLOSE	结束客户端对当前邮箱的访问
EXPUNGE	在不关闭邮箱的情况下，删除所有标志位 DELETE 的邮件
EXAMINE	以只读方式打开邮箱
SUBSCRIBE	在客户机的活动邮箱列表中增加一个邮箱
UNSUBSCRIBE	从活动邮箱列表中去掉一个邮箱
LSUB	返回用户 $HOME 目录下的所有文件
STATUS	查询邮箱当前的状态
CHECK	在邮箱设置一个检查点
SEARCH	根据搜索条件在活动状态的邮箱中搜索邮件，然后显示匹配的邮件编号
COPY	把邮件从一个邮箱复制到另一个邮箱
UID	与 FETCH、COPY、STORE、SEARCH 命令一起使用，使用邮件的 UID
CAPABILITY	返回 IMAP 服务器支持的功能列表
NOOP	空操作，用来向服务器发送自动命令，防止长时间未操作而导致连接中断
LOGOUT	当前登录用户退出登录，并关闭已打开的邮箱

9.1.4　Postfix 邮件系统

Postfix 是一种电子邮件服务器，它是由任职于 IBM 华生研究中心的荷兰籍研究员 Wietse Venema 为了改良 Sendmail 邮件服务器而研发的。Postfix 基于互操作的进程体系结构，每个进程完成特定的任务，进程间无任何特定的衍生关系，使整个系统进程得到很好的保护。同时，Postfix 邮件服务器具有配置简单、开源免费、安全性高以及容易使用的特点，并且兼容 Sendmail，可以使 Sendmail 用户很方便地迁移到 Postfix。

9.2　RHEL 7 下安装 Postfix

由于 RHEL 7 版本自带 Postfix 软件，所以下面以 Postfix 软件为例介绍 E-mail 服务。感兴趣的读者也可以尝试下载 Sendmail 或者邮件系统源代码包进行学习。

9.2.1　安装及管理 Postfix 服务

1．安装 Postfix 软件包

RHEL 7 提供了 Postfix 软件包，主要为 postfix-2.10.1-6.el7.x86_64.rpm，该软件提供 E-mail 服务的基本配置信息。可以使用 YUM 工具安装 Postfix 服务器软件包，命令如下：

```
# yum install postfix -y
```

2．管理 Postfix 服务

Postfix 服务器安装完毕后，在系统中以 Postfix 进程的形式存在，可以通过对 Postfix 进程的管理实现 Postfix 服务管理。常见的管理命令如下：

```
# systemctl status | start | restart | stop postfix.service  #查看状态、启动、重启、关闭服务
# systemctl enable | disable postfix.service              #开机启用或禁用服务
```

9.2.2　Postfix 服务的配置文件

Postfix 的主要配置文件如下：

/etc/postfix/main.cf：Postfix 的主配置文件，包括 Postfix 服务器运行的基本参数信息。

/etc/postfix/master.cf：主控守护进程配置文件，存放 Postfix 相关程序的运行参数。

/etc/postfix/access：访问控制配置文件。

1．/etc/postfix/main.cf 主配置文件

Postfix 的主要配置参数都集中在 main.cf 文件中，以 "#" 开头的行为注释行，以空格开头的行是前一行的延续。每一行定义一个参数值，如果参数值有多个，那么多个值之间以空格、逗号和空格隔开，也可以在参数的前面加上$引用该参数。文件内容格式如下：

```
Parameter = Value1, Value 2, Value3,...
```

选取的内容如下：

```
queue_directory = /var/spool/postfix
inet_interfaces = $myhostname, localhost
```

虽然 Postfix 有 100 个左右的参数，但是 Postfix 为大多数的参数都设置了默认值，所以 Postfix 服务在配置过程中只需要修改少量参数即可。表 9-5 列出了 Postfix 服务的常用参数及其含义。

表 9-5　Postfix 服务的常用参数及其含义

参　　数	说　　明
inet_interfaces	指定 Postfix 监听的网络接口。RHEL 7 的默认值为 localhost，表明只能在本地主机上发信；all 表示在本地主机的所有网络接口上使用 Postfix 服务器发信
inet_protocols	指定 Postfix 监听的 IP 类型。默认值为 all，表示 IPv4 和 IPv6；若仅使用 IPv4 地址，可设置 IPv4
myhostname	指定 Postfix 服务的邮件主机名称
mydomain	指定 Postfix 服务的邮件注明的域名

（续）

参　数	说　明
myorigin	指定由本台邮件主机发出的每封邮件的邮件头中 mail from 的地址
mydestination	指定可接收邮件的主机名或域名，只有当发来邮件的收件人地址与该参数值相匹配时，Postfix 才会将邮件接收下来
mynetworks	指定可信任的 SMTP 邮件客户可以来自哪些主机或网段
relay_domains	指定 Postfix 可以为哪些域实现邮件中继，默认值为$ mydestination
home_mailbox	指定邮箱相对用户根目录的路径，以及采用的邮箱格式

2．/etc/postfix/master.cf 配置文件

master.cf 文件配置了主控守护进程 master 所控制的其他 Postfix 组件的进程。文件内容格式如下：

```
<service>  <type>  <private>  <unpriv>  <chroot>  <wakeup>  <maxproc>
<command>
master.cf 文件的部分内容如下：
# service type private unpriv chroot wakeup maxproc command + args
#               (yes)   (yes)  (yes)  (never) (100)
smtp       inet  n      -       n      -       -        smtpd
#smtp      inet  n      -       n      -       1        postscreen
#smtpd     pass  -      -       n      -       -        smtpd
#dnsblog   unix  -      -       n      -       0        dnsblog
#tlsproxy  unix  -      -       n      -       0        tlsproxy
#submission inet n      -       n      -       -        smtpd
```

除了空白行和注释行之外，其余行为配置行。其中"-"表示默认值，默认值由 main.cf 配置文件里的参数决定。表 9-6 列出了 master.cf 配置文件中各栏的含义。

表 9-6　master.cf 配置文件中各栏的含义

栏　目	含　义
service	服务器组件的名称
type	指定服务器传输消息所用的通信方法，有 inet（网络套接字）、unix（UNIX 套接字）和 fifo 通道
private	取值为 y，表示此服务仅供 Postfix 系统内部访问；取值为 n，表示开放公共访问。inet 类型的组件必须设置为 n，否则外界将无法访问该服务
unpriv	取值为 y，表示此服务组件运行时仅使用由 main.cf 中 mail_owner 参数指定的非特权访问。取值为 n，表示 root 用户访问的组件服务
chroot	指定是否要改变组件的工作目录，默认值为 y。工作目录的值由 main.cf 的 queue_directory 参数指定，Postfix 服务器的默认工作目录为/var/spool/postfix
wakeup	某些组件必须每隔一段时间被唤醒一次，定期执行任务
maxproc	指定可以同时运行该组件的最大进程数目。该数值由 main.cf 的 default_process_limit 参数指定，默认值为 100。若不限制最大进程数，则设置为 0
command	运行服务器的实际命令及其参数

3．/etc/postfix/access 配置文件

该文件用于设置 Postfix 服务的访问控制，文件格式内容如下：

主机名｜域名｜网段｜IP 地址｜邮件地址	ACCEPT｜REJECT｜DISCARD｜OK｜HOLD｜WARN

文件内容分为两部分：第一部分为地址，如主机名、域名、网段、IP 地址、邮件地址等；第二部分为动作，常见的动作有 ACCEPT（接收）、REJECT（拒绝）、DISCARD（丢弃）、OK（无条件接收或发送）、HOLD（没收，除非有动作领取）、WARN（警告）。地址和动作之间采用空格作为分隔符。

该文件的应用举例如下：

例如，允许 user@example.com 转发邮件，配置如下：

```
user@example.com              ACCEPT
```

允许用户为 user 的所有地址转发邮件，配置如下：

```
user@                         ACCEPT
```

禁止 192.168.10.1 主机的请求，配置如下：

```
192.168.10.1                  REJECT
```

丢弃 192.168.10.0/24 的请求，配置如下：

```
192.168.10                    DISCARD
```

拒绝 192.168.20.1 的请求，配置如下：

```
192.168.20.1                  REJECT
```

/etc/postfix/access 文件配置完毕后，需要通过 postmap 工具处理成数据库文件。执行命令如下：

```
postmap /etc/postfix/access
```

9.3　E-mail 服务器配置实例

9.3.1　RHEL 7 下搭建 Postfix 服务器

例 9.1　搭建 Postfix 服务器，实现收发邮件的功能。配置 Postfix 软件的邮件发送功能，安装 dovecot 软件用于提供邮件接收功能，安装网易闪电邮客户端软件，测试服务器邮件发送以及接收功能。要求如下：

邮件服务器域名：mail.zk126.com。

DNS 域名服务器：192.168.10.3。

本机网络参数：IP 地址为 192.168.10.3/24，网关为 192.168.10.2，DNS 地址为 192.168.10.3。

Windows 系统下 VMnet8：IP 地址为 192.168.10.1/24，DNS 地址为 192.168.10.3。

配置过程如下：

（1）主机名配置

```
[root@ksu ~]# hostname mail.zk126.com
[root@ksu ~]# vi /etc/hostname
mail.zk126.com                #内容设置为 mail.zk126.com，保存退出
[root@ksu ~]# reboot
```

（2）查看 Postfix 版本

```
[root@mail ~]# rpm -qa |grep postfix
postfix-2.10.1-6.el7.x86_64
[root@mail ~]# postconf -a        #查看 Postfix 所支持的认证方式: cyrus 和 dovecot
cyrus
dovecot
[root@mail ~]# systemctl restart postfix.service
[root@mail ~]# systemctl stop firewalld.service
[root@mail ~]# netstat -anpt |grep postfix         #查看 Postfix 的进程情况
[root@mail ~]# netstat -anpt |grep 25               #查看 25 号端口的监听状态
tcp  0  0 192.168.10.3:53     0.0.0.0:*     LISTEN     7257/named
tcp  0  0 192.168.122.1:53    0.0.0.0:*     LISTEN     1252/dnsmasq
tcp  0  0 192.168.10.3:25     0.0.0.0:*     LISTEN     8527/master
tcp  0  0 127.0.0.1:25        0.0.0.0:*     LISTEN     8527/mas
```

（3）搭建 DNS 服务器，配置邮件解析

```
[root@mail ~]# yum install bind -y
[root@mail ~]# vi /etc/named.conf
修改 options 段中的:
listen-on port 53 { 192.168.10.3; };
allow-query     { any; };
添加正向解析和反向解析声明:
zone "zk126.com" IN {                                #添加正向解析文件
        type master;
        file "zk126.com.zone";
};
zone "10.168.192.in-addr.arpa" IN {                  #添加反向解析文件
        type master;
        file "192.168.10.arpa";
};
[root@mail ~]# cd /var/named
[root@mail named]# cp -p  named.localhost  zk126.com.zone  #创建正向区域配置
文件
[root@mail named]# cp -p  named.localhost  192.168.10.arpa  #创建反向区域配
置文件
[root@mail named]# vi /var/named/zk126.com.zone            #编辑正向区域配置文件
$TTL 1D
@    IN SOA  @ rname.invalid. (
                                0       ; serial
                                1D      ; refresh
                                1H      ; retry
                                1W      ; expire
                                3H )    ; minimum
     NS      mail.zk126.com.
```

```
        MX 10   mail.zk126.com.
mail    A       192.168.10.3
[root@mail named]# vi /var/named/192.168.10.arpa        #编辑反向区域配置文件
$TTL 1D
@       IN SOA  zk126.com.  rname.invalid. (
                                0       ; serial
                                1D      ; refresh
                                1H      ; retry
                                1W      ; expire
                                3H )    ; minimum
        NS      mail.zk126.com.
        MX 10   mail.zk126.com.
3       PTR     mail.zk126.com.
[root@mail named]# systemctl restart named.service
[root@mail named]# netstat -anpu |grep named            #查看 named 进程状态
[root@mail named]# nslookup mail.zk126.com              #查看邮件的域名解析
Server:     192.168.10.3
Address: 192.168.10.3#53
Name: mail.zk126.com
Address: 192.168.10.3
[root@mail named]# nslookup 192.168.10.3               #查看 IP 地址的反向解析
Server:     192.168.10.3
Address: 192.168.10.3#53
3.10.168.192.in-addr.arpa  name = mail.zk126.com.
```

（4）Postfix 邮件主配置设置

```
[root@mail ~]# vi /etc/postfix/main.cf
修改第 75 行: myhostname = mail.zk126.com
修改第 83 行: mydomain = zk126.com
修改第 99 行: myorigin = $mydomain
修改第 116 行: inet_interfaces = 192.168.10.3,127.0.0.1
修改第 119 行: inet_protocols = ipv4
修改第 164 行: mydestination = $myhostname,$mydomain
修改第 419 行: home_mailbox = Maildir/                   #去掉#
[root@mail ~]#systemctl restart postfix
```

（5）添加邮件用户

```
[root@mail ~]# groupadd  mailusers
[root@mail ~]# useradd -g mailusers -s /sbin/nologin mzhangyi      #创建
mzhangyi 用户
[root@mail ~]# passwd mzhangyi
[root@mail ~]# useradd -g mailusers -s /sbin/nologin mzhanger      #创建
mzhanger 用户
[root@mail ~]# passwd mzhanger
```

（6）发送邮件测试

```
[root@mail ~]# yum install telnet -y
```

Telnet 远程登录 mail.zk126.com 邮件服务器，测试邮件发送过程，如图 9-2 所示。

```
[root@mail ~]# telnet mail.zk126.com 25
Trying 192.168.10.3...
Connected to mail.zk126.com.
Escape character is '^]'.
220 mail.zk126.com ESMTP Postfix
helo mail.zk126.com
250 mail.zk126.com
mail from:mzhangyi@zk126.com
250 2.1.0 Ok
rcpt to:mzhanger@zk126.com
250 2.1.5 Ok
data
354 End data with <CR><LF>.<CR><LF>
我是zhangyi，你是谁？
.
250 2.0.0 Ok: queued as D683BA9ED
quit
221 2.0.0 Bye
Connection closed by foreign host.
```

图 9-2 测试邮件发送过程

```
[root@mail ~]# ll /home/mzhanger/Maildir/new
总用量 8
-rw-------.  1    mzhanger    mailusers    437    11    月    14    14:33
1573713210.Vfd00I20c3ccdM154341.mail.zk126.com
-rw-------.  1    mzhanger    mailusers    433    11    月    14    14:35
1573713350.Vfd00I215a0c3M512196.mail.zk126.com
```

（7）安装 dovecot 以提供邮件接收服务

```
[root@mail ~]# yum install dovecot  -y
[root@mail ~]# vi /etc/dovecot/dovecot.conf          #编辑dovecot主配置文件
修改第24行: protocols = imap pop3 lmtp                #去掉#
修改第30行: listen = *        #去掉#，即监听IPv4数据包，若不监听IPv6，则去掉::
修改第98行: !include conf.d/10-auth.conf
添加: ssl = no
      disable_plaintext_auth = no
      mail_location = maildir:~/Maildir
[root@mail ~]#vi /etc/dovecot/conf.d/10-auth.conf          #编辑认证配置文件
修改第10行: disable_plaintext_auth = no
[root@mail ~]# vi /etc/dovecot/conf.d/10-mail.conf          #编辑邮箱配置文件
修改第24行: mail_location = maildir:~/Maildir                #去掉#
[root@mail ~]# vi /etc/dovecot/conf.d/10-ssl.conf          #编辑ssl配置文件
修改第8行: ssl = no
[root@mail ~]# systemctl start dovecot
[root@mail ~]# netstat -anpt |grep dovecot          #查看dovecot的网络端口状态
tcp 0 0 0.0.0.0:110          0.0.0.0:*          LISTEN          7581/dovecot
```

tcp	0	0	0.0.0.0:143	0.0.0.0:*	LISTEN	7581/dovecot
tcp	0	0	0.0.0.0:993	0.0.0.0:*	LISTEN	7581/dovecot
tcp	0	0	0.0.0.0:995	0.0.0.0:*	LISTEN	7581/dovecot

（8）dovecot 提供邮件接收测试

Telnet 远程登录到 mail.zk126.com 邮件服务器，dovecot 提供的邮件接收测试过程如图 9-3 所示。

```
[root@mail ~]# telnet mail.zk126.com 110
Trying 192.168.10.3...
Connected to mail.zk126.com.
Escape character is '^]'.
+OK Dovecot ready.
user mzhanger
+OK
pass 123456
+OK Logged in.
list
+OK 2 messages:
1 445
2 450
.
retr 2
+OK 450 octets
Return-Path: <mzhangyi@zk126.com>
X-Original-To: mzhanger@zk126.com
Delivered-To: mzhanger@zk126.com
Received: from mail.zk126.com (mail.zk126.com [192.168.10.3])
        by mail.zk126.com (Postfix) with SMTP id 7553D228A03
        for <mzhanger@zk126.com>; Thu, 14 Nov 2019 11:11:03 +0800 (CST)
Message-Id: <20191114031123.7553D228A03@mail.zk126.com>
Date: Thu, 14 Nov 2019 11:11:03 +0800 (CST)
From: mzhangyi@zk126.com

我是张奎 你是谁？
.
quit
+OK Logging out.
Connection closed by foreign host.
```

图 9-3　dovecot 提供的邮件接收测试过程

（9）网易闪电邮 MUA 软件

双击桌面上的 图标，在弹出的对话框中输入邮箱地址（mzhanger@zk126.com）和密码，如图 9-4 所示。

图 9-4　输入邮箱地址和密码

单击"下一步"按钮，弹出"邮箱账户设置"对话框，如图 9-5 所示。确认设置正确后，单击"完成"按钮，弹出"网易闪电邮"窗口，如图 9-6 所示。

图 9-5 "邮箱账户设置"对话框

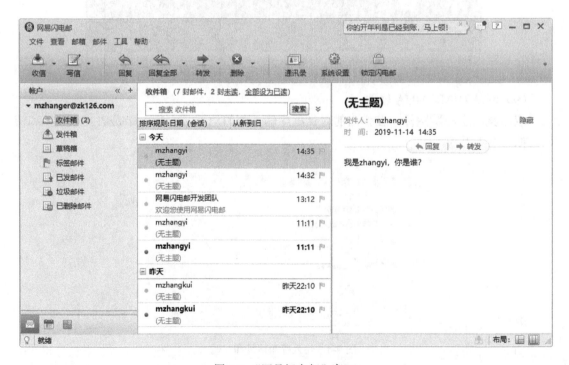

图 9-6 "网易闪电邮"窗口

（10）配置邮件发信认证服务

```
[root@mail ~]# yum install cyrus-sasl* -y        #安装 cyrus-sasl 软件包
[root@mail ~]# vi /etc/sasl2/smtpd.conf          #指定 sasl 服务支持的 smtp 程序
的认证方式
pwcheck_method: saslauthd
mech_list: plain login
log_level:3                                      #设置日志级别为 3
[root@mail ~]# vi /etc/sysconfig/saslauthd       #设置 sasl 的认证方式为本地认证
MECH=shadow
[root@mail ~]# systemctl start saslauthd.service
[root@mail ~]# vi /etc/postfix/main.cf
smtpd_sasl_auth_enable = yes                     #开启 sasl 认证
smtpd_sasl_security_options = noanonymous        #不允许匿名发信
mynetworks = 127.0.0.0/8
#允许的网段，如果增加本机网段，将予以授权，不验证也能向外域发信
smtpd_recipient_restrictions=permit_mynetworks,permit_sasl_authenticated,
reject_unauth_destination        #允许本地域以及认证成功的发信，拒绝认证失败的发信
```

/etc/postfix/main.cf 文件中的 mynetworks 字段用于设置转发信任网段的邮件。例如，mynetworks = 127.0.0.0/8，表示环回网段为信任网段，用于测试本机 Postfix 进程间的通信；mynetworks = 192.168.10.0/24，表示 192.168.10.0 网段为信任网段；mynetworks = 0.0.0.0/0，表示任何网段都为信任网段，由于邮件系统的安全性需求，一般不这样设置。

测试用例 1：设置 /etc/postfix/main.cf 文件中的 "mynetworks = 127.0.0.0/8"。mzhangyi@zk126.com 账号向域外服务器账号 zhangkuisx@126.com 发送邮件。测试过程如图 9-7 所示，mzhangyi 可以向域内 zk126.com 的邮箱账号发送邮件，而向域外 126.com 发送邮件则被拒绝。

测试用例 2：设置 /etc/postfix/main.cf 文件中的 "mynetworks = 192.168.10.0/24"。mzhangyi@zk126.com 账号向域外服务器账号 zhangkuisx@126.com 发送邮件。测试过程如图 9-8 所示，mzhangyi 可以向域内 zk126.com 的邮箱账号发送邮件，而向域外 126.com 发送邮件则被允许。

```
[root@mail ~]# telnet mail.zk126.com 25
Trying 192.168.10.3...
Connected to mail.zk126.com.
Escape character is '^]'.
220 mail.zk126.com ESMTP Postfix
helo mail.zk126.com
250 mail.zk126.com
mail from:mzhangyi@zk126.com
250 2.1.0 Ok
rcpt to:zhangkuisx@126.com
454 4.7.1 <zhangkuisx@126.com>: Relay access denied
```

图 9-7　拒绝向域外发送邮件

```
[root@mail config]# telnet mail.zk126.com 25
Trying 192.168.10.3...
Connected to mail.zk126.com.
Escape character is '^]'.
220 mail.zk126.com ESMTP Postfix
helo mail.zk126.com
250 mail.zk126.com
mail from:mzhangyi@zk126.com
250 2.1.0 Ok
rcpt to:zhangkuisx@126.com
250 2.1.5 Ok
```

图 9-8   允许向域外发送邮件

9.3.2   采用 SquirrelMail 构建 Web 页面的邮件客户端

除了使用 Outlook、Foxmail、网易闪电邮等邮件客户端收发电子邮件外，还可以使用 Web 页面。Web 页面收发邮件的特点是快捷方便，用户只需要安装浏览器即可。为了能让用户使用 Web 页面在线收发邮件，首先需要架设 Web 邮件服务器，然后使用 Web 发送、接收和管理电子邮件，以及通过 Web 页面阅读邮件。

与 Postfix 邮件服务器所对应的 Web 服务器程序有多种，其中，SquirrelMail 软件包具有功能强大、配置灵活、开源等特点。

例 9.2   安装 SquirrelMail 邮件服务器程序。

软件准备清单如下：

- squirrelmail-webmail-1.4.22.tar.gz

#Squirrelmail 软件包，可以通过 http://www.squirrelmail.org/download.php 网站获取

- all_locales-1.4.18-20090526.tar.gz   #汉化语言软件包

Squirrelmail 软件包的安装、配置及使用过程如下：

```
# tar -zxvf squirrelmail-webmail-1.4.22.tar.gz
# tar -zxvf all_locales-1.4.18-20090526.tar.gz -C squirrelmail-webmail-
1.4.22
# cp -p squirrelmail-webmail-1.4.22 /var/www/html/mail
# cd /var/www/html/mail
# mkdir attach                              #建立附件文件目录
# chown -R apache:apache attach
# chown -R apache:apache  data
# cd  config
# cp config_default.php config.php          #复制模板
# vi config.php
$domain = 'zk126.com';                      #设置 Postfix 服务器的域名
$imap_server_type = 'dovecot';              #设置 imap 服务类型为 dovecot
$data_dir = '/var/www/html/mail/data';      #邮件存放地址
$attachment_dir = '/var/www/html/mail/attach/';   #附件存放地址
$squirrelmail_default_language = 'zh_CN';   #网页显示语言为中文
```

```
$default_charset = 'zh_CN.UTF-8';                    #中文字符编码
```

　　安装完成后，重启 Apache 服务器，在地址栏中输入 http://192.168.10.3/mail，按 Enter 键会弹出"SquirrelMail-登录"页面，如图 9-9 所示。

图 9-9 "SquirrelMail-登录"页面

　　输入邮件账号和密码后，成功登录到 SquirrelMail 的邮件 Web 管理页面。如输入账号 mzhanger 及密码，登录到的 Web 邮箱管理页面如图 9-10 所示。

图 9-10　mzhanger 登录到的 Web 邮箱管理页面

习题 9

9.1　简述电子邮件服务的功能及系统组成。

9.2　简述邮件消息的传输过程。

9.3　常见的 SMTP 有哪些？分别说明其工作过程。

9.4　安装 Postfix 电子邮件服务，实现为用户提供邮件服务。

9.5　安装 SquirrelMail 软件，搭建 Web 界面的邮件客户端系统。

第 10 章　集群服务

随着"互联网+"思维的广泛深入以及 5G 网络的逐步商用，新型网络应用不断涌现，导致客户端数量增加以及数据量爆炸式增长，这给网络服务器的运维和管理带来了巨大压力。传统提升服务器硬件性能的方法存在着单点故障和无法获取服务器状态的不足，目前主要通过集群技术解决以上问题。本章首先概述集群技术，并对 LVS 集群系统进行讲解；其次介绍其他集群系统及高可用软件、RHEL 7 下的 LVS 集群服务；最后介绍 LVS 负载均衡配置实例。

10.1　集群技术简介

集群技术的核心在于负载均衡，即采用开源解决方案将若干后台服务器构成一个服务器集群系统，调度器根据负载均衡算法，将客户端的负载请求均衡到后端某一台或者某几台服务器上去处理。当某一台服务器来不及处理或者发生故障时，调度器就会通过负载均衡算法将请求均衡到其他服务器上去处理，保证用户请求及时得到处理以及集群系统的正常运行。

集群技术从实现的技术角度可分为硬件负载均衡和软件负载均衡。硬件负载均衡采用专门的硬件设备来充当前端调度器，常见的产品有 F5、Netscaler、Redware 等，其价格昂贵，目前在传统的非互联网企业中具有一定的市场。对于中小型企业而言，则希望采用开源的软件负载均衡解决方案。该方案利用软件构造一套集群系统，确保用户请求的均衡调度和系统的可靠性。常见的软件负载均衡解决方案有 LVS、Nginx、Haproxy 等。

10.2　LVS 集群系统

10.2.1　LVS 集群体系结构

集群是将若干松散连接的服务器架构成具有更高性能以及高可用性的集群服务器系统。LVS 集群是基于 IP 层负载均衡技术和内容请求技术实现的负载均衡集群方案，调度器根据 Linux 内核提供的负载均衡技术将负载请求调度到合适的服务器上去。当某一节点出现故障时，集群技术自动屏蔽掉故障节点，直至故障解除，进而确保了集群系统的可靠运行。LVS 集群体系结构如图 10-1 所示，有以下三个主要组成部分。

1）负载均衡调度器。它是整个集群对外的前端机，负责将客户的请求发送到一组服务器上执行，而客户端认为服务是来自一个 IP 地址上的。调度器是服务器集群系统的唯一入口点，它可以采用 IP 负载均衡技术、基于内容请求分发技术或者两者相结合。

2）服务器池。是一组真正执行客户请求的服务器，执行请求的服务器有 Web、Mail、FTP 和 DNS 等。服务器池中的节点数目是可变的。当整个系统收到的负载超过目前所有节点的处理能力时，可以在服务器池中增加服务器来满足不断增长的负载请求。

3）共享存储。它为服务器池提供一个共享的存储区，使服务器池拥有相同的内容，提供相同的服务。共享存储通常是数据库、网络文件系统或者分布式文件系统。服务器节点需要动态更新的数据一般存储在数据库系统中，同时数据库会保证并发访问时数据的一致性。

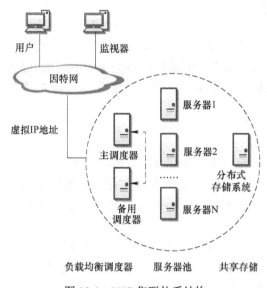

图 10-1　LVS 集群体系结构

从 Linux 内核 2.4 版本开始，Linux 系统开始默认支持 LVS。要使用 LVS 服务，只需要安装一个 LVS 的管理工具 ipvsadm 即可。LVS 功能模块主要分为两部分：

- 工作在内核空间的 IPVS 模块。LVS 的能力实际上由 IPVS 模块实现。
- 工作在用户空间的 ipvsadm 管理工具。其作用是向用户提供一个命令接口，用于将配置的虚拟服务、真实服务等传递给 IPVS 模块。

10.2.2　负载均衡技术

LVS 集群的负载均衡技术包括以下三种：

1）基于直接路由的负载均衡技术（VS/DR）：调度器对收到的报文按照既定的算法转发到后端服务器节点上，经过处理后的报文直接发送给用户主机而不经过调度器。该种机制由于调度器只负责调度报文，服务器直接将响应返回给客户，因此极大地提高了集群系统的吞吐量。

2）基于 IP 隧道的负载均衡技术（VS/TUN）：调度器将收到的 IP 报文封装成另一种 IP 报文，使得目标为一个 IP 地址的报文能被封装和转发到另一个 IP 地址，同时允许报文跨越子网或者 VLAN 进行传递和转发，调度器和真实服务器可以在不同的网络上。该种机制主要用于移动主机和跨网段通信。

3）基于 NAT 的负载均衡技术（VS/NAT）：用户请求访问系统时，调度器通过虚拟 IP（Virtual IP，VIP）接收报文并执行 NAT 转换，然后将报文转发到后端服务器节点，节点处理完毕后再返回给调度器，调度器处理报文头部信息之后，以 VIP 地址作为目的地址返回给请求用户。该种机制将不同 IP 主机提供的并行网络服务变成一个 VIP 地址上的虚拟网络服务，有效利用了网络资源，隔离了前后端服务器的差异性。

10.2.3　负载均衡算法

对于负载均衡集群来说，各个服务器之间具有软硬件差异，如何为各个服务器分配与其性能对应的负载，成为提高集群系统服务质量（Quality of Service，QoS）的关键。调度算法是集群系统的核心，决定了使用哪台服务器。LVS 提供的调度算法可以分为以下两类。

1．静态调度算法

1）轮询（Round Robin，RR）调度算法。该算法按照一定的顺序循环分配负载请求到真实服务器上。当集群中的所有真实服务器具有相同的处理性能、相近的负载数量时，该算法简单而高效。但当集群中的所有真实服务器性能差异较大时，该算法的均衡效果较差。

2）加权轮询（Weighted Round Robin，WRR）调度算法。在集群系统中，当各个真实服务器性能不一致时，该算法使用权值来标记服务器的负载处理能力，按权值的高低和轮询策略综合计算并分配负载到服务器，权值大的分配较多请求，权值小的分配较少请求。该算法可以解决服务器性能不一致的问题，利用权值来标识服务器的性能差异。

3）源地址散列（Source Hashing，SH）调度算法。该算法要求调度器维护一张静态的 Hash 映射表，该表存储了从请求源 IP 地址到服务器 IP 地址的静态映射。当负载请求到达时，调度器从 Hash 表中获取请求的源 IP 地址对应的服务器。若服务器可用，将请求转发到该服务器，否则返回为空。

4）目的地址散列（Destination Hashing，DH）调度算法。该算法要求调度器维护一张从服务器 IP 地址到请求源 IP 地址的静态 Hash 映射表。当请求到达时，根据请求目标 IP 地址从静态 Hash 表中查找对应的服务器。若服务器可用，将请求转发到该服务器，否则返回为空。

2．动态调度算法

1）最少链接数（Least Connection，LC）调度算法。根据当前各服务器的链接数来评估服务器的负载情况，把新的链接分配给链接数最少的服务器，并在该服务器的链接数上加 1；当链接超时或终止时，在相应的服务器链接数量上减 1。该算法可以把负载差异较大的请求均衡分配到合适的服务器上，在服务器性能差异不大时能将请求平滑地分配到各台服务器上，进而保持负载均衡；当服务器性能差异较大时，其调度效果并不理想。

2）加权最少链接（Weighted Least Connections，WLC）调度算法。该算法是对最少链接调度算法的优化，当服务器性能不一致时，该算法使用权值来标识服务器的性能，权值高低与服务器性能成正比，默认情况下权值为 1。当请求到达时，根据权值与最少链接调度的策略尽量使链接数与权值成正比。

3）最短期望延迟（Shortest Expected Delay，SED）调度算法。该算法是对加权最少链接算法的优化。在加权最少链接算法中，链接数是活跃链接数与非活跃链接数的综合，而在最短期望延迟算法中，不考虑非活跃链接数，采取计算各台服务器的预期延迟的策略来分配请求。

4）最少队列（Never Queue，NQ）调度算法。如果某台真实服务器上的链接数为 0，就直接分配请求，不需要再进行 SED 运算。

LVS 中的调度算法在不同的应用场景下各有优点。静态调度算法适用于相对简单的网络，在实时负载量不大的网络环境下效果较好。WLC 作为 LVS 的默认调度算法，设计简单高效，通用性强；SED 和 NQ 算法对 WLC 算法进行了补充，使集群负载均衡更加精确化。

10.3　其他集群系统及高可用软件

软件负载均衡一般通过两种方式来实现，基于 Linux 内核的负载均衡和基于第三方应用的负载均衡。LVS 基于 Linux 内核实现负载均衡，Nginx 和 Haproxy 属于后一种。

10.3.1　Nginx 集群

Nginx 是一款轻量级的 Web 服务器，提供请求分发、负载均衡以及缓存等功能。2004年 10 月，Nginx 源代码公开发布。Nginx 以其高性能、稳定性、功能丰富、配置简单以及低内存消耗等优势，在服务器领域赢得了广阔的市场。

Nginx 服务器在性能上具有很大优势，市场上已经获得广泛应用，其强大的反向代理功能和负载均衡技术很好地保证了集群系统的正常运行，提高了后端服务器的运行效率和资源利用率。与其他 Web 服务器相比，Nginx 具有以下特点：

1）对于客户端的单次请求或数万次的并发请求，其响应时间短。

2）具有很好的扩展性。Nginx 由不同功能、不同层次以及不同类型且耦合度较低的模块组成。当某个模块出现故障或升级时，由于其耦合度低，因此可以只关注模块本身。

3）框架设计优秀，模块设计简单。

4）支持高并发的链接，单机能够处理 10 万条并发的链接。

5）内存消耗低，一般情况下，10000 个非活跃的 HTTP 保持活动状态的链接在 Nginx中仅消耗 2.5MB 的内存，这是 Nginx 支持高并发连接的基础。

6）开放源代码，允许在项目开发中使用源代码，并且修改源代码。

10.3.2　Haproxy 集群

Haproxy 是一种高效、可靠、免费的高可用负载均衡解决方案，非常适合高负载站点的负载请求。客户端通过 Haproxy 代理服务器获得站点页面，而代理服务器收到客户请求后根据负载均衡的规则将请求数据转发到后端真实服务器。其支持的代理模式主要有两种：一种是 TCP 传输层代理，支持邮件服务器、内部协议通信服务器等；另一种是 HTTP 应用层代理，基于特定规则，通过分析协议允许、拒绝、增加、修改和删除请求，或者响应指定内容来控制协议。与其他集群系统相比，Haproxy 具有如下特点：

1）代码开源，稳定性好。

2）可以作为数据库、邮件服务器或者其他非 Web 集群的负载均衡。

3）提供强大的服务器状态监控功能。

10.3.3　Keepalived 高可用软件

在集群系统中，调度器通过负载调度算法将用户请求均衡到某一台后端服务器上去。对于调度器或者服务器故障以及海量用户请求的复杂情况，如果调度器切换不及时或者负载均衡请求来不及处理，就会出现网络延时增加乃至网络瘫痪的结果。Keepalived 是一款优秀的高可用软件，主要用于实现真机故障隔离以及负载调度器之间的任务切换。

Keepalived 软件主要是通过 VRRP 实现高可用功能。VRRP 是 Virtual Router Redundancy Protocol（虚拟路由冗余协议）的缩写，VRRP 出现就是为了解决静态路由的单点故障问题。在 Keepalived 服务工作时，主节点会不断地向从节点发送（多播的方式）心跳消息，用来告诉从节点自己还活着。当主节点发生故障时，就无法发送心跳消息了，从节点也因此无法继续检测到来自主节点的心跳，于是从节点就会调用自身的接管程序，接管主节点的 IP 资源和服务。当主节点恢复时，从节点又会释放主节点故障时自身接管的 IP 资源和服务，恢复到原来的备用角色。所以，Keepalived 一方面具有配置管理 LVS 的功能，以及对 LVS 节点进行健康检查的功能，另一方面可以实现集群系统服务的高可用功能。

Keepalived 高可用软件可以应用在 LVS、Nginx、Haproxy 集群系统之上，解决集群系统遇到的问题。

10.4　RHEL 7 下的 LVS 集群服务

10.4.1　安装 LVS 服务管理工具

1. 安装 ipvsadm 工具

要使用 LVS 服务，需要安装管理工具 ipvsadm。RHEL 7 提供了 ipvsadm 软件包，版本为 ipvsadm-1.27-7.el7.x86_64.rpm，该软件提供了 LVS 服务管理工具。使用 YUM 工具安装

ipvsadm 软件包，安装过程如下：

```
# yum install ipvsadm-1.27-7.el7.x86_64.rpm   -y
```

安装完成后，会产生以下四个文件：

/sbin/ipvsadm：LVS 的主管理程序，负责真实服务器的添加、删除和修改。

/sbin/ipvsadm-restore：LVS 规则重载工具。

/sbin/ipvsadm-save：LVS 规则保存工具。

/etc/sysconfig/ipvsadm：LVS 服务配置文件。

ipvsadm 管理工具提供的常用参数说明见表 10-1。

表 10-1　ipvsadm 管理工具提供的常用参数说明

参　　数	说　　明
-A	添加一条新的虚拟服务器记录
-E	编辑一条虚拟服务器记录
-D	删除一条虚拟服务器记录
-C	清除虚拟服务器表中的所有记录
-R	还原虚拟服务规则
-a	添加一条新的真实服务器记录
-e	编辑一条真实服务器记录
-d	删除一条真实服务器记录
-L | -l	显示内核中的虚拟服务规则
-t	说明虚拟服务器提供的是 TCP 服务
-u	说明虚拟服务器提供的是 UDP 服务
-g | -m |-i	指定 LVS 的工作模式为 DR | NAT | TUN
-w	配置真实服务器的权重
-s	配置负载均衡算法，如 rr，wrr，lc 等
-n	输出 IP 地址和端口的数字形式

常用的 ipvsadm 命令如下：

```
# ipvsadm -Ln                              #查看 LVS 集群系统信息
# ipvsadm -A -t 192.168.10.100:80 -s rr    #添加 192.168.1.100:80 记录，采用
rr 算法
# ipvsadm -E -t 192.168.10.100:80 -s wlc   #修改记录的负载均衡算法为 wlc 算法
# ipvsadm -D -t 192.168.1.100:80           #删除一条集群记录
# ipvsadm -C                               #删除所有集群记录
```

2. ipvsadm 工具

ipvsadm 软件包安装完毕之后，LVS 服务在系统中以 ipvsadm 守护进程的形式存在，可以通过 ipvsadm 进程的管理实现 LVS 服务管理。常见的管理命令如下：

```
# systemctl  status | start | restart | stop ipvsadm.service
#查看状态、启动、重启、关闭 ipvsadm 服务
# systemctl  enable | disable ipvsadm.service  #开机时启用或禁用 ipvsadm 服务
```

如果在启动、重启或者关闭 ipvsadm 进程时提示"Failed to Start Initialise the Linux

Virtual Server." 信息，说明系统没有找到 LVS 服务的配置文件。这时需要手动生成 LVS 服务配置文件，操作命令如下：

```
# ipvsadm --save > /etc/sysconfig/ipvsadm
```

再一次启动 ipvsadm 进程，系统显示 LVS 服务处于激活状态。

10.4.2 安装及管理 Keepalived 服务

1. 安装 Keepalived 软件

另外，LVS 集群通常需要配合 Keepalived 软件来实现系统的高可用性。RHEL 7.4 系统提供了 keepalived-1.3.5-1.el7.x86_64.rpm 软件包。使用 YUM 工具安装 Keepalived 软件包，安装命令如下：

```
# yum install keepalived  -y
```

安装完成后，会产生 Keepalived 服务的主配置文件，如下：

/etc/keepalived/keepalived.conf：Keepalived 服务的主配置文件，提供虚拟服务器的配置。

2. Keepalived 进程管理

Keepalived 软件包安装完毕之后，Keepalived 服务在系统中以 Keepalived 守护进程的形式存在，可以通过对 Keepalived 进程管理实现 Keepalived 服务管理。常见的管理命令如下：

```
# systemctl status | start | restart | stop keepalived.service
#查看状态、启动、重启、关闭服务
# systemctl enable | disable  keepalived.service          #开机启动或关闭服务
```

3. /etc/keepalived/keepalived.conf 主配置文件

keepalived.conf 文件包含了三个文本块，分别是全局配置块、VRRP 实例配置块以及虚拟服务器配置块。全局配置块和虚拟服务器配置块是必需的，如果在只有一个负载均衡器的场合，就不需要 VRRP 实例配置块。

1）全局配置块：全局配置可对整个 Keepalived 生效，主要用于设置 Keepalived 的通知机制和标识，如发送邮件的对象列表、负载均衡标识、发送 E-mail 的服务器等信息。全局配置信息一般保持默认。

2）VRRP 实例配置块：主要用于配置 VRRP 实例。在实例中定义了 VRRP 的特性，如主从状态、接口网卡、虚拟路由标识、优先级以及虚拟的 IP 地址等信息。具体配置内容如下：

```
vrrp_instance VI_1 {
    state MASTER                #设置实例状态值，有 MASTER、BACKUP 两种
    interface eth0              #设置实例使用的网卡名称，默认设置系统第一块网卡
    virtual_router_id 51
    #虚拟路由标识，同一个 VRRP 实例中，MASTER 和 BACKUP 的 virtual_router_id 值保
持一致
```

```
priority 100    #设置优先级，同一个 VRRP 实例中，MASTER 的优先级高于 BACKUP
advert_int 1
#MASTER 与 BACKUP 负载均衡器之间同步检查的时间间隔，单位为秒
authentication {
    auth_type PASS
    #验证 authentication，包含验证类型和验证密码。类型主要有 PASS、AH 两种，
默认为 PASS
    auth_pass 1111
    #验证密码，同一个 VRRP 实例中，MASTER 与 BACKUP 使用相同的密码才能正常通信
}
virtual_ipaddress {
    192.168.10.2
    #设置 VIP 地址，可以有多个地址，该地址必须与 LVS 客户端设定的 VIP 地址一致
}
}
```

3）虚拟服务器配置块：设置虚拟主机配置信息，这些信息会作为参数传递给 ipvsadm 工具，主要有负载均衡算法、负载均衡转发规则、会话保持时间、后台服务器的 IP 和端口号等。具体配置内容如下：

```
virtual_server 192.168.10.2 80 {          #VIP 地址，与 VRRP 实例中的 virtual_
ipaddress 地址保持一致
    delay_loop 6                          #健康检查间隔，单位为秒
    lb_algo rr                            #负载均衡算法，常见的有 rr、wrr、wlc 等
    lb_kind DR                            #负载均衡转发规则，有 DR、NAT、TUN 三种
    persistence_timeout 0
    #会话保持时间，用于把用户请求转发到同一个服务器，否则跳转到其他服务器
    protocol TCP                          #转发协议，有 TCP 和 UDP 两种
    real_server 192.168.10.5 80 {
        weight 1                          #权重，数值越大，权重越高
        TCP_CHECK {                       #通过 TCP_CHECK 判断真实服务器的健康状态
            connect_timeout 3             #连接超时时间
            nb_get_retry 3                #连接失败后，重新建立连接的次数
            delay_before_retry 3          #重新建立连接的时间间隔
            connect_port 80               #检测端口
        }
    }
}
```

从主配置文件 keepalived.conf 包含的内容可以看出，Keepalived 服务配置涉及多个参数，大多数参数值保持默认。另外，还有以下四个参数需要注意，具体说明如下：

- route_id：主从调度器标识，如 LVS_MASTER 和 LVS_BACKUP。
- state：调度器状态。同一实例下，主、从调度器状态不同，取值有 MASTER、BACKUP。

- virtual_router_id：虚拟路由标识。同一实例下，主、从调度器的虚拟路由标识相同。
- priority：优先级。同一实例下，主调度器的优先级高于从调度器。

10.5 LVS 负载均衡配置实例

10.5.1 基于 VS/DR 模式的 Web 集群负载均衡系统

例 10.1 利用 Linux 虚拟机搭建图 10-2 所示的拓扑结构。其中 LVS-Master、LVS-Slave 为前端调度器，RS1、RS2 为后端服务器池，VIP 地址使用四个虚拟机的网关地址，具体配置参数见表 10-2。通过在 LVS-Master、LVS-Slave 上安装 LVS 和 Keepalived 软件，实现 Web 集群负载均衡以及高可用性；通过故障模拟来分析主、从调度器之间的切换、后台服务器之间的切换（该实验对主机内存要求比较高，主机内存至少 8GB）。

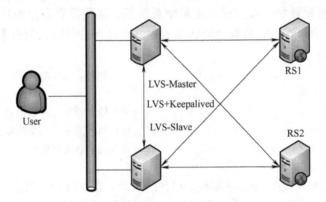

图 10-2　例 10.1 拓扑结构

表 10-2　主机的网络配置参数

设　　备	IP 地址	子 网 掩 码	网　　关	角　　色
LVS-Master	192.168.10.3	255.255.255.0	192.168.10.2	前端调度器
LVS-Slave	192.168.10.4	255.255.255.0	192.168.10.2	前端调度器
RS1	192.168.10.5	255.255.255.0	192.168.10.2	Web 服务器
RS2	192.168.10.6	255.255.255.0	192.168.10.2	Web 服务器
Windows 下的 VMnet8	192.168.10.1	255.255.255.0		User

1. 配置过程

（1）ipvsadm 安装

LVS-Master 和 LVS-Slave 采用 RHEL 7.4 系统提供的 ipvsadm-1.27-7.el7.x86_64.rpm 软件包安装 LVS 软件，主、从调度器上 LVS 软件的安装及配置方法一致。在 LVS-Master 上安装、配置 LVS 软件的主要过程如下：

```
[root@ksu Packages]# yum install ipvsadm -y
```

（2）Keepalived 安装及配置

LVS-Master 和 LVS-Slave 采用 RHEL 7.4 系统提供的 keepalived-1.3.5-1.el7.x86_64.rpm
包安装 Keepalived 软件，主、从调度器 Keepalived 软件的安装及配置方法一致。在 LVS-
Master 上安装、配置 Keepalived 软件的过程如下：

```
[root@ksu Packages]# yum install keepalived -y
[root@ksu Packages]#vi /etc/keepalived/keepalived.conf
! Configuration File for keepalived
global_defs {                                        #全局配置块
  notification_email {
   acassen@firewall.loc
   failover@firewall.loc
   sysadmin@firewall.loc
  }
  notification_email_from Alexandre.Cassen@firewall.loc
  smtp_server 127.0.0.1
  smtp_connect_timeout 30
  router_id LVS_MASTER
}
        ########VRRP Instance########
vrrp_instance VI_1 {                                 #VRRP 实例配置块
    state MASTER
    interface ens33
    virtual_router_id 51
    priority 100
    advert_int 1
    authentication {
        auth_type PASS
        auth_pass 1111
    }
    virtual_ipaddress {
        192.168.10.2
    }
}
        ########Virtual Server########
virtual_server 192.168.10.2 80 {                     #虚拟服务器配置块
    delay_loop 6
    lb_algo rr                                       #设置rr负载均衡算法
    lb_kind DR                                       #设置DR负载均衡转发规则
    nat_mask 255.255.255.0
    persistence_timeout 0    #此值为 0，主要是为了方便测试。每次刷新页面，结果会不
一样。也可以设置为 30，表示在 30s 内连接到同一个 RS 上
    protocol TCP
```

```
    real_server 192.168.10.5 80 {                                    #RS1 的配置
        weight 1
        TCP_CHECK {
            connect_timeout 3
            nb_get_retry 3
            delay_before_retry 3
            connect_port 80
        }
    }
    real_server 192.168.10.6 80 {                                    #RS2 的配置
        weight 1
        TCP_CHECK {
            connect_timeout 3
            nb_get_retry 3
            delay_before_retry 3
            connect_port 80
        }
    }
}
```

主、从调度器上 Keepalived 软件的安装及配置方法相似，但是需要修改 LVS-Slave 节点上的 keepalived.conf 配置文件，将 route_id 值修改为 LVS_BACKUP、将 state 值修改为 BACKUP、将 priority 值修改为 80，其余配置内容一致。

（3）RS1 与 RS2 的 Web 服务器配置

为配合 Web 集群负载均衡系统的高可用性以及高可靠性业务需要，RS1、RS2 作为后端 Web 服务器，需要使用 Apache 来创建 Web 网站，在/var/www/html 目录下采用 HTML 编写不同内容的 Web 页面，即 index.html，为用户提供 Web 服务。RS1 的 index.html 页面内容如下：

```
<html>
<head><title>myweb3</title></head>
<body>
hello 192.168.10.4!</br>
hello lvs-dr! </br>
hello keepalived!</br>
</body>
</html>
```

RS2 的页面内容与 RS1 相似，只需做简单修改即可。

（4）编写 RS1 与 RS2 的 realserver.sh 脚本文件

在两台 RS 上执行 realserver.sh 脚本，为本机的 lo 网卡绑定 VIP 地址 192.168.10.2，实现 RS 直接把结果返回给客户端。修改 arp 内核参数，实现 RS 顺利发送 MAC 地址给客户端，并且抑制 ARP 广播。RS1 与 RS2 的 realserver.sh 脚本内容一致，配置脚本的主要过程如下：

```
[root@ksu3 ~]# mkdir src
[root@ksu3 ~]# cd src
[root@ksu3 src]# vi realserver.sh
#####配置内容参考 realserver1.txt##################
VIP=192.168.10.2                        #修改 VIP 地址
host='/bin/hostname'
case "$1" in
start)
        # Start LVS-DR real server on this machine.
        /sbin/ifconfig lo down
        /sbin/ifconfig lo up
        #######避免 arp 广播#########
        echo 1 > /proc/sys/net/ipv4/conf/lo/arp_ignore
        echo 2 > /proc/sys/net/ipv4/conf/lo/arp_announce
        echo 1 > /proc/sys/net/ipv4/conf/all/arp_ignore
        echo 2 > /proc/sys/net/ipv4/conf/all/arp_announce
        /sbin/ifconfig lo:0 $VIP broadcast $VIP netmask 255.255.255.255 up
        /sbin/route add -host $VIP dev lo:0
;;
stop)
        # Stop LVS-DR real server loopback device(s).
        /sbin/ifconfig lo:0 down
        #######避免 arp 广播#########
        echo 0 > /proc/sys/net/ipv4/conf/lo/arp_ignore
        echo 0 > /proc/sys/net/ipv4/conf/lo/arp_announce
        echo 0 > /proc/sys/net/ipv4/conf/all/arp_ignore
        echo 0 > /proc/sys/net/ipv4/conf/all/arp_announce
;;
status)
        # Status of LVS-DR real server.
        islothere=`/sbin/ifconfig lo:0 | grep $VIP`
        isrothere=`netstat -rn | grep "lo:0" | grep $VIP`
        if [ ! "$islothere" -o ! "isrothere" ];then
            # Either the route or the lo:0 device
            # not found.
            echo "LVS-DR real server Stopped."
        else
            echo "LVS-DR real server Running."
        fi
;;
*)
            # Invalid entry.
            echo "$0: Usage: $0 {start|status|stop}"
```

```
        exit 1
;;
esac
[root@ksu3 src]# chmod +x realserver.sh        #添加脚本的执行权限
[root@ksu3 src]# ./realserver.sh start          #启动脚本
```

2. 实验结果与分析

（1）负载均衡测试

User 在浏览器中输入 VIP 地址，查看返回后的页面。刷新几次后，查看返回的页面。初次访问 Web 集群系统的页面如图 10-3 所示，刷新几次后返回的 Web 页面如图 10-4 所示。访问同一个 VIP 地址返回不同的页面内容，说明前端调度器已经根据后端服务器的运行状况对用户请求进行了分配，实现了负载均衡。

图 10-3　初次访问 Web 集群系统的页面

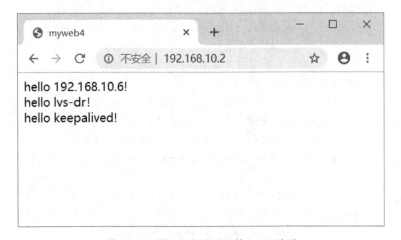

图 10-4　刷新几次后返回的 Web 页面

（2）主、从调度器可用性测试

正常情况下，LVS-Master 由于 priority 值高于 LVS-Slave 的值，发挥主调度器角色，优先处理所有用户的连接请求，而 LVS-Slave 则处于从属地位。当把 LVS-Master 的 LVS 和

Keepalived 全部关闭，即模拟 LVS-Master 故障时，VIP 地址将迁移到 LVS-Slave 上，发挥主调度器的角色。把 LVS-Master 关闭后，LVS-Master 系统运行日志如下，说明 VIP 已经从 LVS-Master 上移除。

```
[root@ksu1 ~]# systemctl stop keepalived.service
[root@ksu1 ~]# tail -10 /var/log/messages
Nov 17 15:54:52 ksu1 kernel: IPVS: __ip_vs_del_service: enter
Nov 17 15:54:52 ksu1 Keepalived_healthcheckers[52676]: Removing service
[192.168.10.5]:80 from VS [192.168.10.2]:80
Nov 17 15:54:52 ksu1 Keepalived_healthcheckers[52676]: Removing service
[192.168.10.6]:80 from VS [192.168.10.2]:80
Nov 17 15:54:52 ksu1 Keepalived_healthcheckers[52676]: Stopped
Nov 17 15:54:52 ksu1 Keepalived_vrrp[52677]: VRRP_Instance(VI_1) sent 0
priority
Nov 17 15:54:52 ksu1 Keepalived_vrrp[52677]: VRRP_Instance(VI_1) removing
protocol VIPs.
Nov 17 15:54:52 ksu1 avahi-daemon[799]: Withdrawing address record for
192.168.10.2 on ens33.
Nov 17 15:54:53 ksu1 Keepalived_vrrp[52677]: Stopped
Nov 17 15:54:53 ksu1 Keepalived[52675]: Stopped Keepalived v1.3.5
(03/19,2017), git commit v1.3.5-6-g6fa32f2
Nov 17 15:54:53 ksu1 systemd: Stopped LVS and VRRP High Availability
Monitor.
```

LVS-Slave 开始发挥主调度器的角色如下，说明 VIP 地址（192.168.10.2）已经与 ksu2 主机的 ens33 网卡建立起了连接，ksu2 主机开始发挥主调度器的角色。

```
[root@ksu2 ~]# ip addr show |grep ens33
2: ens33: <BROADCAST,MULTICAST,UP,LOWER_UP> mtu 1500 qdisc pfifo_fast
state UP qlen 1000
    inet 192.168.10.4/24 brd 192.168.10.255 scope global ens33
inet 192.168.10.2/32 scope global ens33
```

（3）Web 集群可用性测试

正常情况下，RS1、RS2 轮流向用户提供 Web 服务，用户访问 Web 集群系统后返回不同的页面内容。当关闭 RS1 的 Web 服务，即模拟 Web 服务器故障时，用户在浏览器中输入 VIP 地址以及刷新几次后，均返回 RS2 的页面内容；当 RS1 上的 Web 服务恢复正常后，则继续承担任务，响应用户请求；当 RS1 和 RS2 都出现 Web 服务器故障时，则整个 Web 集群系统就不再提供 Web 服务。

10.5.2　基于 VS/NAT 模式的 Web 集群负载均衡系统

例 10.2　利用 Linux 虚拟机搭建图 10-2 所示的 Web 集群负载均衡系统，其中 LVS-Master 和 LVS-Slave 为前端调度器，RS1、RS2 为后端 Web 服务器池，采用 Windows 主机的 VMnet1、VMnet8 网卡模拟 User。系统采用 VS-NAT 负载均衡模式转发数据包，集群系统划分为外网和内网两个部分，其中外网的 LVS-Master-eth0、LVS-Slave-eth0、VMnet8 采用公网地址，内网的 LVS-Master-eth1、LVS-Slave-eth1、VMnet1、RS1 以及 RS2 采用私有地址；外网 VIP 为公网地址的网关，内网 VIP 为私有地址的网关，详细配置参数见表 10-3。通过配置实现 Web 集群系统的高可用性以及高可靠性，通过故障模拟来分析主、从调度器之间的切换，后端服务器之间的切换（该实验对主机内存要求比较高，主机内存至少8GB）。

表 10-3　详细配置参数

设　备	IP 地址	子 网 掩 码	网　关	角　色
LVS-Master-ens33	202.201.100.11	255.255.255.0	202.201.100.1	前端调度器，NAT 模式
LVS-Master-ens38	192.168.10.11	255.255.255.0	192.168.10.1	前端调度器，仅主机模式
LVS-Slave-ens33	202.201.100.12	255.255.255.0	202.201.100.1	前端调度器，NAT 模式
LVS-Slave-ens38	192.168.10.12	255.255.255.0	192.168.10.1	前端调度器，仅主机模式
RS1	192.168.10.21	255.255.255.0	192.168.10.1	Web 服务器，仅主机模式
RS2	192.168.10.22	255.255.255.0	192.168.10.1	Web 服务器，仅主机模式
User-VMnet1	202.201.100.2	255.255.255.0		外网用户，NAT 模式
User-VMnet8	192.168.10.2	255.255.255.0		内网用户，仅主机模式

1. 配置过程

（1）ipvsadm 安装

在 LVS-Master 上安装、配置 LVS 软件的主要过程如下：

```
[root@ksu Packages]# yum install ipvsadm -y
```

（2）Keepalived 安装及配置

在 LVS-Master 上安装、配置 Keepalived 软件的主要过程如下：

```
[root@ksu Packages]# yum install keepalived-1.3.5-1.el7.x86_64.rpm -y
[root@ksu Packages]#vi /etc/keepalived/keepalived.conf
! Configuration File for keepalived
global_defs {                                    #全局配置块
    router_id LVS_MASTER
}
vrrp_instance VI_1 {                             #VRRP 实例配置块
    state MASTER
    interface ens33
    virtual_router_id 51
    priority 100
    advert_int 1
    authentication {
        auth_type PASS
        auth_pass 1111
    }
    virtual_ipaddress {
```

```
            202.201.100.1
        }
    }
    vrrp_instance LAN_GATEWAY {                          #设置内网网关
        state MASTER
        interface ens38
        virtual_router_id 50
        priority 100
        advert_int 1
        authentication {
            auth_type PASS
            auth_pass 1111
        }
        virtual_ipaddress {                              #定义内网 VIP, 即内网网关
            192.168.10.1
        }
    }
    virtual_server 192.168.10.1 80 {                     #设置内网 VIP 和端口
        delay_loop 6
        lb_algo rr
        lb_kind NAT
        persistence_timeout 0   #此值为 0, 主要是为了方便测试。每次刷新页面, 结果都会
不一样。也可以设置为 30, 表示在 30s 内连接到同一个 RS 上
        protocol TCP
        real_server 192.168.10.11 80 {
            weight 3
            TCP_CHECK {
                connect_timeout 3
                nb_get_retry 3
                delay_before_retry 3
                connect_port 80
            }
        }
        real_server 192.168.10.12 80 {
            weight 3
            TCP_CHECK {
                connect_timeout 3
                nb_get_retry 3
                delay_before_retry 3
                connect_port 80
            }
        }
    }
```

```
virtual_server 202.201.100.1 80 {                    #设置外网VIP
    delay_loop 6
    lb_algo rr
    lb_kind NAT
    persistence_timeout 0
    protocol TCP
    real_server 192.168.10.21 80 {
        weight 3
        TCP_CHECK {
            connect_timeout 3
            nb_get_retry 3
            delay_before_retry 3
            connect_port 80
        }
    }
    real_server 192.168.10.22 80 {
        weight 3
        TCP_CHECK {
            connect_timeout 3
            nb_get_retry 3
            delay_before_retry 3
            connect_port 80
        }
    }
}
```

　　主、从调度器上 Keepalived 软件的安装及配置方法相似，但是需要修改 LVS-Slave 节点上的 keepalived.conf 配置文件，将 router_id 值修改为 LVS_BACKUP、将 state 值修改为 BACKUP、将 priority 值修改为 80，其余配置内容一致。

　　（3）RS1 与 RS2 的 Web 服务器配置

　　为配合 Web 集群负载均衡系统的高可用性以及高可靠性业务需要，RS1、RS2 作为后端 Web 服务器，需要使用 Apache 软件创建 Web 网站，在/var/www/html 目录下采用 HTML 编辑不同内容的 Web 页面，即 index.html，为用户提供 Web 服务。RS1 的 index.html 页面内容如下：

```
<html>
<head><title>myweb3</title></head>
<body>
hello 192.168.10.21!</br>
hello lvs-nat! </br>
hello keepalived!</br>
</body>
</html>
```

RS2 的页面内容与 RS1 相似，只需做简单修改即可。

2．实验结果与分析

User 在浏览器中输入外网 VIP 地址，查看返回后的页面。刷新几次后，查看返回后的页面。初次访问 Web 集群系统的页面如图 10-5 所示，刷新几次后返回的 Web 页面如图 10-6 所示。访问同一个 VIP 地址返回不同的页面内容，说明前端调度器已经根据后端服务器的运行状况对用户请求进行了分配，实现了负载均衡。

图 10-5　初次访问 Web 集群系统的页面

图 10-6　刷新几次后返回的 Web 页面

另外，查看内核中的虚拟服务列表信息情况，可以看出用户在对 202.201.100.1 访问时，负载连接被均衡到 RS1 和 RS2 两台服务器上，进而缓解了单台服务器的负载压力，隔离了内外网。其中，RemoteAddress:Port 对应后端服务器地址和端口，Forward 表示转发方式，当前为 NAT 模式，Weight 表示权重，ActiveConn 表示当前活跃的连接数，InActConn 为当前不活跃的连接数。内核中的虚拟服务列表信息如下：

```
[root@ksu1 ~]# ipvsadm -Ln
IP Virtual Server version 1.2.1 (size=4096)
Prot LocalAddress:Port Scheduler Flags
  -> RemoteAddress:Port          Forward Weight ActiveConn InActConn
TCP  192.168.10.1:80 rr
TCP  202.201.100.1:80 rr
```

| -> 192.168.10.21:80 | Masq | 3 | 0 | 3 |
| -> 192.168.10.22:80 | Masq | 3 | 0 | 3 |

　　主、从调度器可用性测试以及 Web 集群可用性测试过程与 10.5.1 小节的分析一致，由于篇幅原因，此处不再赘述。

习题 10

10.1　简述集群系统功能及实现方法。

10.2　常见的集群系统软件有哪些？分别应用在哪些环境中？

10.3　LVS 集群负载均衡技术有哪三种？请简要说明。

10.4　常见 LVS 集群负载均衡算法有哪些？简述其工作原理。

10.5　简述 Keepalived 高可用软件功能。

参考文献

[1] 梁如军，王宇昕，车亚军，等.Linux 基础及应用教程：基于 CentOS 7[M]. 北京：机械工业出版社，2016.

[2] 谢希仁.计算机网络[M]. 7 版. 北京：电子工业出版社，2017.

[3] 鸟哥.鸟哥的 Linux 私房菜：基础学习篇[M]. 4 版. 北京：人民邮电出版社，2018.

[4] 鸟哥.鸟哥的 Linux 私房菜：服务器架设篇[M]. 3 版. 北京：机械工业出版社，2012.

[5] 潘中强，王刚.Red Hat Enterprise Linux 7.3 系统管理实战[M]. 北京：清华大学出版社，2018.

[6] 王亚飞，王刚.CentOS 7 系统管理与运维实战[M]. 北京：清华大学出版社，2016.

[7] 曹江华.Red Hat Enterprise Linux 7.0 系统管理[M]. 北京：电子工业出版社，2015.

[8] 曹江华.Red Hat Enterprise Linux 7.0 服务器构建快学通[M]. 北京：电子工业出版社，2016.

[9] 林天峰，谭志彬.Linux 服务器架设指南[M]. 2 版. 北京：清华大学出版社，2014.